◎ 李锦宇 王贵波 主编

《新刊图像黄牛经全书》注解

中国农业科学技术出版社

图书在版编目（CIP）数据

《新刊图像黄牛经全书》注解 / 李锦宇，王贵波主编 . —北京：中国农业科学技术出版社，2018.7

ISBN 978-7-5116-3591-4

Ⅰ.①新… Ⅱ.①李… ②王… Ⅲ.①牛病—中兽医学—中国—明代 Ⅳ.①S858.23

中国版本图书馆 CIP 数据核字（2018）第 062994 号

责任编辑　闫庆建　杜　洪
责任校对　马广洋
出 版 者　中国农业科学技术出版社
　　　　　北京市中关村南大街12号　　邮编：100081
电　　话　（010）82106632（编辑室）　（010）82109702（发行部）
　　　　　（010）82109709（读者服务部）
传　　真　（010）82106625
网　　址　http://www.castp.cn
经 销 者　全国各地新华书店
印 刷 者　北京建宏印刷有限公司
开　　本　880mm×1 230mm　1/32
印　　张　6.5　彩插68面
字　　数　228千字
版　　次　2018年7月第1版　　2018年7月第1次印刷
定　　价　158.00元

《新刊图像黄牛经全书》注解

编委会

主　编　李锦宇　王贵波

副主编　罗超应　李建喜　潘　虎　仇正英

参编者　严作廷　张景艳　王旭荣　王东升

　　　　杨　珍　程富胜　孔晓军

前　言
PREFACE

　　"中兽医学"为中国几千年来的畜牧业生产及兽医科技的发展，起着十分重要的作用，它像一颗灿烂的明珠，永放光芒。中兽医学上的许多学术见解和临床实践体会，以及绚丽多彩的治疗技术，都蕴藏有极为丰富的科学精华。人民需要它，世界兽医需要它，在当前中兽医科学现代化的研究高潮中，我们必须更好地学习继承古人的学术精华。做到"努力发掘，加以提高""古为今用，推陈出新"，更好地为我们祖国的农牧业生产服务。

　　《元亨疗马集》系明朝南道隶庐州府六安州（今安徽六安县）喻本元、喻本亨兄弟两人所著，是我国中兽医学宝库中内容最丰富、流传最广的一部兽医经典著作。自明代万历戊申（1608）年初（按丁宾序言"近梓其治疗图方"一句确定）付梓以来，成为当时一部总结性的中兽医学经典普遍传播，明、清两代不断翻刊，并次第流传到日本、朝鲜、越南以及欧美各国，对中国和世界兽医学的发展有较大的影响。

　　明《新刊图像黄牛经全书注解》收载有明·嘉靖（1521—1567年）二十一年壬寅年（1542年）与明·正德（1506—1521年）五年（1510年）的内容，分别比《元亨疗马集》成书（1608

年）早66年与98年，且大部分内容被后者收录，不仅是研究后者学术思想形成与成书的重要资料，而且其部分未被收录的内容对于丰富与研究中兽医学古籍资料具有重要意义。书名虽然是黄牛经大全，但也包含有水牛内容。然而，由于其成书年代久远，字词变迁、古涩难懂，或错缺不全；且其原版仅存于日本东京大学图书馆。我等有幸获得其电子版，深感珍贵，认为对其保护和整理是我等中兽医人义不容辞的义务，在国家科技基础性工作专项"传统中兽医药资源抢救和整理"项目的资助下，对其进行校注出版，以飨读者，并使其得以更好地保存和流传，以促进中兽医药学的发扬与光大。

本次校注，对《新刊图像黄牛经全书》所记载的牛58种病证，按原文《元亨疗马集·牛驼经》论注、词语注解、译文与按语五个层次进行了整理与注释，并对牛病示意图进行了重新绘制，以便在尽量保证其原貌的前提下，使其更易被现代人阅读与理解。

本书必定存在不少缺点和错误，由于时间仓促，加之本身的学术水平能力，编辑此书时实感力不从心，幸好一道前辈和同行们的鼓励，意在借此书抛砖引玉，恳切希望业内同行批评指正！

编者

2018年5月

目　录

CONTENTS

原文序言

一、原文

诗曰：

战马耕牛总一般，阴阳气运有多端[1]，五行交宫[2]分顺逆[3]，标本[4]虚实[5]纳药观（用心观）[6]，阳病[7]须当阴药[8]治，阴病[9]依方阳药[10]痊，有患[11]便求高士[12]察，莫将误，命赴黄泉（失误之时救活难）。

二、注解

1. 阴阳气运有多端：阴阳变化就像四季，春暖（阳的开始）、夏热（阳的极盛）、秋凉（阴的开始）、冬寒（阴的极盛），既有常变，也有太过、不及与交错等异常变化。马体与牛体也遵从阴阳变化的一般规律，就像四季气候变化，是相当复杂的。

2. 五行交宫：五行在兽医学上的运用，也同中医一样，先

是通过以脏腑为中心的属性归类，如肝属木、心属火、肺属金、肾属水、脾属土；再以生克乘侮关系说明各脏腑之间的相互资生、相互制约与相互影响的生理病理学作用与关系，从而使其贯穿着整体观念，用以解释牛体生理病理特点及其异常情况下各脏腑疾病的复杂变化。

3．逆顺："逆"是指五行学说中的"相克"，即木克土、土克水、水克火、火克金、金克木。"顺"是指五行学说中的"相生"，即木生火、火生土、土生金、金生水、水生木。借木、火、土、金、水五种物质之间所存在的互相制约和排斥关系与相互滋生和促进关系，来说明脏腑生理病理现象及其相互影响的作用与关系。

4．标本：这是个相对的概念，也是一种主次关系，其含义颇广，如从畜体与致病因素来说，畜体的正气是本，致病的邪气是标；以疾病的本身来说，病因为本，症状是标；从疾病的新旧与原发和继发来说，旧病与原发病为本，新病与继发病为标；从疾病的部位来说，病在下、在内为本，病在上/在外为标。临床上常用标本关系来分析疾病的主次先后与轻重缓急，以确定治疗的步骤。

5．虚实：虚和实是指家畜体质的强弱与病邪的盛衰。如正气不足，为虚；病邪亢盛，为实。新病多实，久病多虚；年壮膘肥多实，老畜瘦弱多虚；热病多实，寒症多虚。

6．用心观：仔细诊察的意思。

7．阳病：一般多指实热证候，多见体表高热、口干舌燥、大便燥结、小便短赤、口色红赤、狂走急奔、脉象洪数有力等。

8．阴药：指寒凉性药物。

9．阴病：一般多指虚寒证候，多见体表冰凉、精神倦怠、卧多立少、大便稀溏、小便清长，劳役即汗、口吐冷涎、肠鸣泄泻、口色青白、脉象沉迟无力等。

10．阳药：指温热性药物。

11．有患：指患病的家畜。

12．高士：对技术精湛兽医人员的尊称。

三、译文

战马与耕牛的生理病理学总体上来说是一样的，也遵从阴阳变化的一般规律，就像四季气候变化，既有常变，也有太过、不及与交错等异常变化；其脏腑遵循五行相生相克变化与制约规律。诊疗疾病时，要仔细诊察区分疾病的标本虚实、主次先后与轻重缓急，然后才能确定治疗之法，选择用药。实热性证候，如体表高热、口干舌燥、大便燥结、小便短赤、口色红赤、狂走急奔、脉象洪数有力等，多运用寒凉性药物治疗；虚寒性证候，如体表冷凉、精神倦怠、卧多立少、大便稀溏、小便清长，劳役即汗、口吐冷涎、肠鸣泄泻、口色青白，脉象沉迟无力等，多运用温热性药物治疗。牛如果有病，应立即寻求专业的兽医人员诊断治疗，不要耽搁，延误必将导致牛死亡（延误时间过长，必然造成病情恶化而难以救治）。

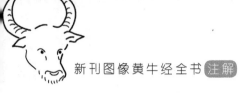

四、按语

序言强调，牛的生理病理学特点及其疾病发生与防治规律和马总体一样，符合阴阳五行规律。作为诊疗人员首先要有扎实的中兽医辨证诊治基本理论知识，懂得整体观念、阴阳五行变化规律，掌握八纲、脏腑辨证要点，诊疗时要认真诊断，辨明病因病机，确定施治方案和相应的处方用药，并要及时诊疗，才能保证牛的健康。

新刊图像黄牛经

大全注解

上卷

第一章　针牛穴法名图¹

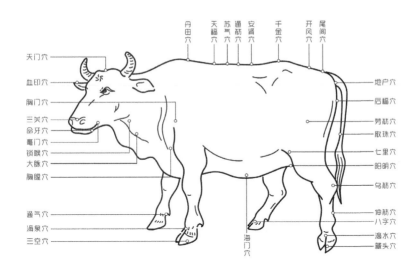

针牛穴法名图

（图中穴位标注，左侧自上而下：）天门穴、血印穴、胸门穴、三关穴、剑牙穴、鼋门穴、锁喉穴、大脉穴、胸膛穴、通气穴、涌泉穴、三空穴

（上方自左而右：）丹田穴、天福穴、苏气穴、通筋穴、安肾穴、千金穴、开风穴、尾阔穴

（右侧自上而下：）地户穴、后榼穴、芳筋穴、取珠穴、七里穴、阳明穴、乌筋穴、伸筋穴、八字穴、滛水穴、藏头穴

（下方：）滙门穴

注解

本图原书称为"针牛总穴名图"，《元亨疗马集·牛驼经》上称此图为"针牛穴法名图"。

第二章　牛患拖犁弱瘘病[1]

一、原文

歌曰：

饱困伤便肺家卫[2]，却项[3]抬头不汪空（眼泪汪）[4]，不思水草又粪紧

医迟必定肺生疮，久卧多时发哽气，起来喘息口虚张，

但用补肺杏仁散，灌时切忌着油浆。

杏仁散：治拖犁弱瘘病方

杏仁、苍术、麦门冬、阿胶、白芷、瓜蒌、牛蒡、桔梗。

以上诸药为末，每服二两，白矾、姜黄各二两，水二升，灌之即愈。

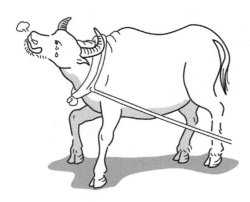

牛患拖犁弱瘘病图

二、《元亨疗马集·牛驼经》论注

牛患拖犁力弱者，何也？夫弱者，乃腹内饥饿，拖犁拽耙，出力太过，肺气耗散，血不归心，气血两伤，虚弱之至；以致时出硬气，口或虚张，水草迟细；时或鼻头无汗，大便干涩者，此谓饥饿劳伤力弱骨痰之症也。

形状：弯颈抬头，腿酸脚软。

口色：红黄者可治；青黑者难医。

治法：火针百会穴、抢风、大胯穴；白针三焦、四蹄血。

戒忌：下水浸泡、檐巷风吹。

补肺杏仁散：杏仁、阿胶、麦门冬、白芷、瓜蒌仁、牛蒡子、桔梗、陈皮、甘草。各件共为细末，每服四两，水一升，加童便一大盏，黄酒为引。如口色青白，本方加：肉桂、附子、五加皮、熟地黄、当归。

三、注解

1. 原书称该病为"拖犁力空鳌病"，《元亨疗马集·牛驼经》称为"牛患拖犁弱痰病"。

2. 卫：即卫气，是指护卫体内脏腑、体表肌肤，使其不受病邪的侵害之作用。

3. 却项：指颈项弯曲的意思。

4. 却项抬头不汪空：《元亨疗马集·牛驼经》改为"却项抬头眼泪汪"。

四、译文

牛在食饱后立即使役或过度劳役，均能使呼吸不匀而伤肺气，逐渐使肺受伤。病牛表现出卧多立少，颈弯头昂，流泪不止，不思水草，粪便干燥，如果治疗延误必然会使肺部产生创伤，病牛就会表现出卧地时呼吸不舒畅，催赶起立则张口虚喘。此时治疗就要用补肺杏苏散治疗，灌服此药时要注意忌油腻之饲料和饮水。

补肺杏仁散：杏仁、苍术、麦门冬、阿胶、白芷、瓜蒌、牛蒡、桔梗。以上药材研细为末，每次取二两，加白矾、姜黄各二两，水二升，灌之即愈。

五、按语

拖犁弱瘦病，亦即劳伤气血。因肺主气，外以吸清呼浊，内司新陈代谢之职。若牛在食饱后立即使役，或过度劳役，均能使呼吸不匀而伤肺气，逐渐使肺瘦弱。所以病牛呈现水草少进，形体消瘦，口色苍白。卧多立少，颈弯头昂，流泪不止，粪便干燥，卧地时呼吸不舒畅，催赶起立或见口虚张。治宜补肺、健脾和胃为主，方用补肺杏仁散，并忌加油腻之物。本方以杏仁润肺定喘而降肺气，阿胶养阴补肺而补养营血，麦门冬补肺养胃、瓜蒌润肺宽中而化痰浊湿为主；苍术燥湿痰、健脾胃，白芷通窍止痛、破瘀生新，姜黄行血利气、通利筋脉为辅；牛蒡子清利咽喉、平喘为佐；白矾、桔梗解毒润肺、敛肠平喘而载诸药上行。

第三章 牛患困水伤五脏

一、原文

歌曰:

牛病咽喉困水殃[1]，五脏六腑似刀伤，时时鼻内有脓浆，
毛焦眼泪口鼻凉，舌头木硬腰腹热[2]，日深必定脚开张，
使用良方五积散，用盐擦项使生姜。

五积散：治水伤五脏方。

益智、厚朴、
白术、官桂、青
皮、陈皮、细辛、
芍药、甘草、肉豆
蔻。以上诸药为
末，每服二两，生
姜一两，酒一升，
同调灌之，立效。

牛患困水伤五脏图

二、《元亨疗马集·牛驼经》论注

夫牛患水伤五脏者，何也？水者，乃日用之要，何以而致有伤于五脏也？皆因饥渴出力太过，乘饥饿而又过饮，或因天时亢阳，久渴过饮冷水太多，拴系阴凉之处，失于牵行，以致阴冷过吠，阳气不调；水火相冠，五脏受伤，此谓困水伤五脏之症也。

形状：喉中哑噎，口流清水，鼻流脓涕。

口色：如桃花者可治；青黑者死。

治法：彻三焦、四蹄血，五积散灌之。

五积散：治牛困水伤五脏等症。白芷、陈皮、厚朴、当归、川芎、芍药、茯苓、桔梗、苍术、枳壳、半夏、麻黄、干姜、肉桂、甘草。各件共为细末，每服四两，以生姜五至七片，葱一把煎汁，调和灌之。如表重者，本方去肉桂，加桂枝。

三、注解

1．吠：本义是大灾难的苗头，小灾难，轻微可控的灾难。在此是损害的意思。

2．热：原书作"热"，按实际病况应该为"寒"。

四、译文

牛饥渴时出力太过；劳役过度饥饿而又过饮；天热过量饮用冷水过多等都会对牛咽喉造成损害而致喉中噎梗，五脏六腑受到的损伤就像被刀剑所伤那样厉害。

鼻中时时流出脓涕，皮毛没有光泽、眼泪汪汪、口鼻发凉，舌头僵硬、腰腹部发凉，时间长了还会出现四蹄叉开，站立不稳的症状。应立即使用五积散治疗，并用盐和生姜推擦颈项（咽喉外部）治疗。

五积散：益智仁、厚朴、白术、官桂、青皮、陈皮、细辛、芍药、甘草、肉豆蔻。以上诸药粉碎为末，每二两药（60克）加生姜（捣烂）一两，酒一升，调成糊状灌服，立效。

五、按语

从歌词中看，困水伤和困水膈痰症不同，困水伤有咽喉肿痛，鼻流脓浆，舌肿大等症状，但五积散内却不治这些病症。分析五积散的组成，实际是一个温脾散寒之方，相当于治马翻胃吐草的益智散方，而方意组成更集中于健脾暖胃，对于咽喉部的炎肿，则用盐和生姜推擦颈项（咽喉外部）来处理，内服药味虽较益智散用得少，如药量用的恰当，其健脾温胃作用至少不比益智散差，对于因伤水而引起的不食水草症是有效的。但单纯的伤水症并不见咽喉肿胀、鼻流脓浆症状，有这些症状的，常兼有外邪，并不是单纯脾胃病。故用本方是否合宜，尚须加以考虑。

第四章　牛患困水膈痰

一、原文

歌曰：

困中饮水脏中藏，头悬搥[1]地口中黄，角耳冷时身又颤，
眼中流泪却成行，用药通灵脾家快，医迟必定水攻肠，
仙经[2]论里分明说，瘦损难调有妙方。

四顺散：治牛困水膈痰方。

茴香、桂枝、苍术、白术。以上诸药为末，每服一两，炒盐一匙，生姜一两，水三升，煎灌之，大效。

牛患困水膈痰图

二、《元亨疗马集·牛驼经》论注

夫牛患困水膈痰者，何也？膈痰者，罗膈损伤也。或因久渴失饮，过饮冷水太多，或牧童骑使急跑，或拖犁拽耙，急使出力，促损罗膈，以致头悬膝跪、耳角俱冷之症也。

形状：头悬跪地，耳冷身颤，泪流成行。

口色：口舌鲜明，膈虽伤而无损者，可治；青紫者，难医。

治法：彻三焦、四蹄血，四顺散灌之。鼻口流出血水，膈损者难医。

四顺散：小茴香、红花、苍术、白术。共为细末，每服四两，炒盐一大撮，生姜为引，候温加童便一盏，调和灌之。如膈损不愈。如损伤药方见马经篇内。

三、注解

1. 搵：音问（wen），为按的意思。

2. 仙经：引证解释泛指道教经典。晋·葛洪《抱朴子·辨问》："仙经以为，诸得仙者，皆其受命偶值神仙之气，自然所禀。"注葛洪所说的仙经，是一部亡佚已久的秦汉或三国时期重要的黄老道典籍，其残卷多为后世道教所引载。

四、译文

牛劳役太过，未及时休息立即饮入大量冷水，水没有被及时运化而停留在肠胃中，致牛表现出低头接地不愿抬头，精神委顿，口中舌苔发黄，耳朵、角冰冷，身体震颤发抖，眼流清泪较

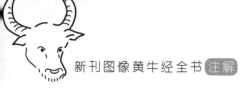
多，应及时运用醒脾燥湿、散寒解表进行治疗。如果治疗耽误，必将损伤肠胃。仙经篇说得明白，身体廋弱治疗难，但有妙方。

四顺散：茴香、桂枝、苍术、白术。以上诸药研细为末，每一两药，加炒盐一匙，生姜一两，水三升，煎汤灌服，必然有较好的效果。

五、按语

该病指牛劳役过甚，未及时休息即饮入大量冷水，冷水入胃刺激胃壁（冷热相冲）而生膈痰之症。痰凝中膈，不食水草，舌苔黄，精神委顿，耳角俱冷，甚至肌肉震颤发抖，眼流清泪，腹内有水鸣声，这就是困水膈痰症。治以醒脾燥湿、散寒解表的四顺散。以茴香温阳助脾，苍术燥湿健脾，白术健脾行水，桂枝发汗通阳，生姜温中散寒解表，炒盐引药下行，较适用于病的初期。方中每服一两，应为每味药一两，非四味药共一两，本方可连服3～5剂，也可同时针刺脾俞穴。

第五章 牛患肝黄[1]病

一、原文

颂曰：

肝黄得病要和良，眼赤头昂尾掉张，东奔西走不停足，

口青舌黑病须防，日浅[2]通医容易治，延深不救没奇方。

三黄天竹散：治肝黄病牛方。天竹、黄芩、玄参、天竹黄[3]、车前子、青葙子、石决明、甘草、川大黄、木贼、斑竹笋[4]。以上诸药为末，每服二两，朴硝四两，枳壳四两，好酒一升，用筒灌之，立效。

牛患肝黄病图

二、《元亨疗马集·牛驼经》论注

牛患肝黄者，何也？夫肝黄者，肝经凝受郁热也。肝外应于目，肝家热极，气血凝滞之所致。令兽眼胞赤肿，黷膜睛昏，东奔西走且四足不停，此谓肝热壅邪、肝黄之症也。

形状：眼肿泪下，聆膜睛昏，东奔西走，四足不停。

口色：口舌鲜明者易治；青黑者难医。

治法：彻四蹄血、三焦血，胸前用蝉酥绳穿坠，沥出黄水。天竺散灌之。

戒忌：日晒雨淋、下水浸泡。

天竺散：治牛肝黄等症。天竺黄、黄答、车前子、芒硝、青箱子、木贼、草决明、蝉蜕、锦大黄、枳壳、黑玄参、石决明、甘草。共为细末，黄酒为引。如赤气太盛，加川连，重用朴硝。

三、注解

1．黄：中兽医学概念：《马书》："黄者，经络溢于肌腠，肤腠郁结而血瘀，血瘀者而化为黄水，故曰黄也。"黄，病名。为血离经络，瘀于肌肤，引起组织肿胀的一种病症（见于《司牧安骥集》）。

2．日浅：日子短少或及早的意思。

3．天竹黄：禾本科天竹内新生的黄膜。有泻热豁痰、凉心安神作用。

4．斑竹笋：为一种淡竹新生的笋，笋壳表面有黑色斑点，具有清凉发表的功效。

四、译文

牛得了肝黄病症状表现为：头高高抬起，尾巴拱起，眼睛发红，出现狂乱不避障碍到处奔走，若口内黏膜呈现青色和舌底面呈现黑色者，则需要小心提防，一般预后不良。得病初期症状较轻时一般的兽医都可以轻松的治疗，如果病情迁延日久，病情加重，则就没有好的处方和办法来治疗了。

治疗一般用三黄天竹散：天竹、黄芩、玄参、天竹黄、车前子、青葙子、石决明、甘草、川大黄、木贼、斑竹笋。以上诸药研细为末，每二两药，加朴硝四两，枳壳四两，好酒一升，调为稀糊状用筒灌服，会马上取得较好疗效。

五、按语

该病是由于肝经积热而生的一种内黄症候。因牛遭受暑热侵袭，内侵肝经而引起急性发热的黄症，病牛出现狂乱不避障碍均奔走，头昂尾拱，眼目红赤等癫狂症状。初期症状表现不凶险者，预后良好；若口内黏膜呈现青色和舌底面呈现黑色者，则预后不良。治疗该病方药，是以天竹、天竹黄、黄芩、大黄、玄参泻热、安伸为主；青葙子、石决明、木贼清肝热为辅；斑竹笋、朴硝、车前子、枳壳清凉解热、行气通利以助主药；甘草调和诸药，酒引导各药从速入经。

第六章 牛患肺黄病

一、原文

歌曰：

肺黄得病眼睛黄，卧起抬头又牴墙，喘气多因心气盛，
起卧转筋又蹶张[1]，肺腧穴内针一道，脑后冲天火烙强，
又用消黄菖蒲散，将来矾蜜唊为良。

牛患肺黄病图

菖蒲散：治肺黄病牛方

菖蒲、白芷、知母、川大黄、贝母、文蛤[2]、甘草、瓜篓子

以上诸药为末，每服三两，白矾一两，蜜四两，水一升，同调服之大效。

二、《元亨疗马集·牛驼经》论注

牛患肺黄者，何也？夫肺黄者，肺家热极，气血瘀痰，凝郁于肺也。令兽喘声连连，咳嗽不绝，此谓邪热于肺而致肺黄之症也。

形状：连连咳嗽，喘息微微，低头抵墙，张口涎垂。

口色：鲜明者生，红者可治，青黑者死。

治法：胸前用蝉酥绳穿坠，肿沥黄水。彻四蹄血、三焦血。葛蒲黄芩散灌之。

调理：喂养清凉之处。

戒忌：日晒、下水浸泡。

菖蒲黄芩散：治牛肺黄等症。菖蒲、白芷、知母、大黄、贝母、甘草、杏仁、瓜蒌、桔梗、陈皮、黄芩、白矾。共为细末，白蜜四两为引，调和灌之。

三、注解

1. 蹶张：蹶音决（jue），为颠扑的音思。蹶张：即颠扑四肢张。

2. 文蛤：系一种软体功物蛤的外壳。有花纹，故名。治咳逆胸痹，腰病胁急，止渴利尿。

四、译文

牛得了肺黄病，症状表现为：眼内白珠现黄色，起卧不宁，用头抵墙，呼吸促迫，喘气等心火亢盛证候。同时，四肢发生痉

挛难以着力，经常颠扑于地。治宜外用针刺肺俞穴、烧烙脑后天门穴，内服具有消黄作用的菖蒲散，加用蜂蜜、白矾调服，效果更好。

菖蒲散：菖蒲、白芷、知母、川大黄、贝母、文蛤[2]、甘草、瓜蒌子

以上诸药研细为末，每服三两，加白矾一两，蜜四两，水一升，同调为稀糊状灌服，有较好的疗效。

五、按语

热毒停积于肺，致使气血凝滞在肺而发生黄症。其症状为：呼吸促迫，口鼻流沫，眼内白珠现黄色（这是该病特征）；又出现心神昏迷，用头抵墙，四肢发生痉挛难以着力，故经常颠扑于地。治宜针刺肺俞穴与烙灸天门穴，并服消黄方剂菖蒲散。菖蒲、白芷为芳香之品，振发潜阳、宣通心窍、搜风宣气为主；贝母、瓜蒌、蜂蜜清肺解热、滋阴润燥为辅；文蛤解热利水、去胸痹，大黄泻实火，白矾清热解毒为佐，甘草益气和中、调和诸药。

第七章　牛患心风狂病

一、原文

歌曰：

五脏积毒又生风，喘急多因肺气攻，口中流涎眼又肿，遍身疮疥疠痈中，耳漫[1]头悬难着地，更兼硬气不能通，皂角解毒人参散，三朝[2]半月见其功。

人参散：治牛心风狂病方

人参、茯苓、黄柏、郁金、升麻、青黛、甘草、板蓝根。

以上诸药为末，每服三两，生姜半两，水一升，同酒灌之，立效。

牛患心风狂病图

二、《元亨疗马集·牛驼经》论注

夫心狂者，心经积热也，皆因蓄养太盛，膘肥肉重，暑月炎天，或犁耙出力，喘息未定，下水浸泡，或拴系酷热之处，乍经雨淋，壅热浸于皮肤，瘀痰塞于胸中，以致心窍迷乱，四足癫狂，此谓心经积热，心风狂病之症也。

形状：昂头直颈，四足癫狂，张口流涎，气息喘粗。

口色：如桃花者生，紫赤者死。

治法：胸前用蝉酥绳穿坠，白针彻三焦、四蹄血，喘急彻大血。效如神。

调理：喂养清凉之处，水浸青草喂之。

戒忌：日晒雨淋、下水浸泡。

人参散：治牛心经积热、心风狂症。人参、茯神、郁金、连翘、升麻、远志、甘草、板蓝根（即大靛根）。共为细末，内加童便一大盏，调和灌之。如口色赤紫，加大黄、朴硝、大川连。如口色平和，昂头直颈，不能低头者，此乃外有感邪，用羌活汤发散之。

羌活汤：治牛昂头直颈、张狂等症。羌活、防风、白芷、乌药、细辛、川乌、草乌、荆芥、薄荷、苏子、僵蚕、天麻、胆星、木通、五加皮、陈皮、粉草、桔梗。共为细末，黄酒、葱白为引，调和灌之。

三、注解

1. 耳漫：耳朵不煽动。

2. 三朝：朝：日的意思；三朝：三日。

四、译文

牛因五脏积毒而引起心风内动，症状主要表现为：病牛呈现喘息声响，多因肺（受热）气上攻所致，口内流涎，眼眶肿胀，全身皮肤生疮痈疖痈，耳不煽动，头抬起难以低下，胸腹气胀，呼吸不畅等。治疗用皂角解毒人参散，三天至半月就会取得较好的疗效。

人参散：人参、茯苓、黄柏、郁金、升麻、青黛、甘草、板蓝根。以上诸药研细为末，每三两药，加生姜半两，水一升，同酒灌之，会立即取得效果。

五、按语

该病是五脏蕴蓄热毒，以心胸积蓄最深，因心为一身主宰，故亦称心风狂。病牛呈现喘息而发声响，口内流涎，肺中热毒反映于体表，则皮肤生疮痈。而眼眶肿胀，耳不煽动，头抬起难以低下等症状，故治法系用通关散（牙皂、生半夏、荜拨花、细辛研末）吹鼻以宣通肺气而解毒，内服人参散。因五脏积毒并不是一日所成，由于体内蕴积热毒时久，其正气必虚，故以人参补气养正为主，正气足，则可助药驱邪；方中茯苓养心益脾，青黛散五脏郁火、凉血解毒，黄柏泻火，郁金、板蓝根清热凉血、开郁解毒，甘草解毒益气、补虚和中为辅；升麻提升清阳、清热解毒为佐；生姜、酒辛散而调和以引导各药。

第八章 牛患黄癫瘦病

一、原文

歌曰：

膀胱有病见毛焦，日日朝朝气不调，浑身消瘦脚又肿，懒拖犁耙治田劳，仙经论里分明说，乌金散予[1]有功高

乌金散：治牛黄癫瘦病方。

没药、芍药、茴香、麒麟竭[2]、黄柏、牵牛、茱萸、地骨皮、甘草、川大黄、胡黄连。以上诸药为末，每服二两，水一升，醋半盏，同煎，放温灌之，即痊。

牛患黄癫瘦病图

二、《元亨疗马集·牛驼经》论注

本书作者未查询出《元亨疗马集·牛驼经》论注此病

三、注解

1. "予"，原刊作"子"，现改正。

2. 麒麟竭：即血竭，为棕榈科植物麒麟血藤分泌的树脂，故名。性平、味甘咸。功能行瘀止血，治疗跌扑损伤，胸腹瘀痛。

四、译文

牛黄癫瘦病：牛的膀胱有病就会出现皮毛焦枯的症状，长时间得不到治疗和调理，就会出现形体消瘦，四肢虚肿。懒惰不愿意活动，干活不出力的症状。仙经论里说得很清楚，出现此病证应给予乌金散治疗，就会有好的效果。

乌金散：治牛黄癫瘦病方。没药、芍药、茴香、麒麟竭、黄柏、牵牛、茱萸、地骨皮、甘草、川大黄、胡黄连。以上诸药研细为末，每二两药，用水一升，醋半盏，同煎，放温灌之，就会痊愈。

五、按语

该病系膀胱经受伤而发的一种慢性病症。多因劳役过度，力伤膀胱，影响到膀胱的气化功能。日久则使病牛形体消瘦，皮毛焦枯，尿短而不通畅。腹部隐痛不安，内发虚热，四肢虚肿。方

用乌金散：血竭、没药散瘀止痛而治内伤，山茱萸、芍药均治肾亏腰痛，甘草养阴；茴香温肾阳，地骨皮、大黄、黄连清虚热骨蒸、直下三焦，牵牛逐水消肿，醋散瘀而为引药。

第九章　牛患心黄病

一、原文

歌曰：

心黄得病走颠狂，眼目睁开尾掉张，牛有一心原[1]属火，
火来攻火病难防，积热久聚传脏腑，且须急治可消黄。

清心散：治牛心黄病方。

人参、茯
苓、板兰根[2]、
青黛、大黄、
甘草、黄栀
子。以上诸药
为散，每服一
两，蜜四两，
水二升，同调
服立效。

牛患心黄病图

二、《元亨疗马集·牛驼经》论注

夫心黄者，心经积热也。心为一身之主，五脏之首领，居于深宫内院，清净之所，何以而致有黄？皆因蓄养太盛，膘肥肉重，气血壮旺，拖犁拽耙，又兼蠢大促使出力太过，气血冲心，瘀痰积膈。令兽四足癫狂，两目圆睁，气促喘粗，口内垂涎，此谓心经积热之症也。

形状：两目圆睁，四足癫狂，气促喘粗，口内垂涎。

口色：鲜明者可治，青黑紫者难医。

调理：喂养清凉之处，水浸青草喂之。

戒忌：日晒雨淋、下水浸泡。

清心散：治牛心黄等症。

人参、茯神、远志、青黛、郁金、栀子、连翘、元参、枣仁、生地、当归、粉草、花粉。共为细末，鸡子清、竹叶、灯草为引。

如口色赤紫者，本方加：大黄、芒硝、大川连、天门冬、麦门冬。如大便闭结，加蜂蜜四两，火麻仁。如小便闭塞，加二丑、车前子、滑石、木通。二便通利，喘自止而痊矣。

三、注解

1. "原"：原刊作"元"，现改正。
2. "板兰根"，原刊作"板兰"，现改正。

四、译文

牛患心黄病就会出现癫狂、睁眼、竖尾、不避障碍地奔走的症状。此病发生的原因是因为心性本属火，又受火热之邪的攻击，火上加火，致疾患难以防范。热性疾患在心脏聚集迁延日久，就会传变到其他脏腑。故此病应该及时治疗可以消除症状，不能耽搁以免传变难治。方用清心散治疗。

清心散：人参、茯苓、板兰根[2]、青黛、大黄、甘草、黄栀子。以上诸药研细混合为散，每一两药，加蜂蜜四两，水二升，同调灌服就会立即取得效果。

五、按语

该病系一种急性热型证候，夏季发生较多。心胸积热极盛，热扰神明于内，因而病牛呈现癫狂、睁眼、竖尾、不避障碍地奔走，体内外均发热。若是出现浑身肉颤、汗出，突然倒地的现象，就会很快死亡。故该病要及早急救。治疗方药以苦寒大泻实火的栀子，大黄为主；青黛，板蓝根清热解毒，茯苓宁心去热为辅；人参（或党参）补气生津而助药力，驱热毒外他为佐；甘草、蜂蜜调和各药以泻热毒为使。

第十章　牛患脑中黄病

一、原文

歌曰：

久热积盛聚脑中，盘身宛转作旋风，眼黑更兼吐涎沫，予向星门烙[1]一通，狂冲水淋淋数度，冲天取透有神功，

头风圣方亦安痊[2]，定风散下更除风[3]。

定风散：治牛脑中黄病方。

天竹黄、防风、人参、川芎、干地黄、紫苏、麻黄、天麻、白蒺藜、甘草、黑附子。

牛患脑中黄病图

以上诸药为散，每服半两，水一升，入蜜二两，同拌，温服，立效。

二、《元亨疗马集·牛驼经》论注

大脑中黄者，热毒流注于脑也。皆因蓄养太盛，膘肥肉重，犁耙出力，或下水浸泡，或拴系阴湿之地，阳受阴气，逼聚于顶，毒注于脑口令兽眼急头垂，口滴涎沫，盘身旋转，四足不停，抵墙抵壁。

此谓久热积顶，脑中黄之症也。

形状：睛急头垂，旋转不停，头抵墙壁。

口色：红黄者可治，青黑者难医。

治法：顶门以火烧烙成黄色，用芝麻油涂之。白针彻四蹄、三焦血。

调理：喂养净处，草料加倍。

定风散：治牛脑中黄症。

天竺黄、防风、人参、生地、川芎、紫参、麻黄、蚕沙、天麻、白蒺藜、甘草。共为细末，生姜五片，黄酒一升为引调灌。如口色赤紫，大便闭结不通，用三黄汤，加芒硝、大黄、芝麻油四两，调和灌之。

三、注解

1. "烙"，原刊作"路"，现改正。

2. "头风圣方亦安痊"，原刊无，《元亨疗马集·牛驼经》增补。

3．原刊五句与六句颠倒，七句与八句颠倒，不押韵，现改正。

四、译文

火热毒邪侵犯牛体日久积聚上注于脑，牛便会发生神志不清，出现头向后弯，盘身旋转、四足不停，眼呈黑色，口吐涎沫，体表出汗的症状，治疗应烧烙通天或天门穴，并以冷水淋头多次，特别是牛头顶部凉透就会有特别好的功效，牛头风病服用圣方治疗就会痊愈，服用定风散更能去除风热之邪气。

定风散：天竹黄、防风、人参、川芎、干地黄、紫苏、麻黄、天麻、白蒺藜、甘草、黑附子。

以上诸药研细混合为散，每半两药，加水一升，蜂蜜二两，共同搅拌均匀，加温灌服，就会立刻取得较好的疗效。

五、按语

脑中黄病又称"脑旋风"（相当于脑膜脑炎的兴奋期症状），多为使役过度或受热邪，使热毒积聚上注于脑而发生该病。头为诸阳之会，总司知觉与脏腑气血运行，如邪气入侵，则五神失主，百体错乱。故病牛出现旋转盘身不停。病出舌红脉洪，系热盛之症；严重时，神志昏迷，狂奔无走，头向后弯，眼呈黑色，口吐涎沫，体表出汗。

江苏省农业科学院1964年曾有此病的临床报道：该病可分两种类型：一种来势骤急，病程短促，一般经过三四天，旋转、流涎及双目失明等症状相继出现，用定风散治疗有很好疗效。另一种病势缓慢，病程较长，有时可达数月之久，先呈旋转运动，死前才出现流涎及失明症状，用定风散及火烙治疗，虽暂时好转。但不能治愈。

文中治该病外用火烙通天或天门穴，并以冷水淋头数次，结合投服清热解毒、安神镇静药方"定风散"。方以天竹黄凉心安神，天麻祛风镇惊。防风、麻黄、紫苏疏散肌表，发汗解热为主；川芎养血疏风，地黄滋阴降火，白蒺藜除风热为辅；人参、附子扶正助阳以滋祛邪之力为佐；甘草、蜂蜜调和诸药，泻热补中为使。针烙术中的通天穴在额部正中。两眼窝正中连线的中点上，烙时于穴位处垫醋湿棉花，再予火烙15分钟。

第十一章 牛患草伤脾病

一、原文

歌曰：

草伤脾胃气不和，出气如雷气又多，哽气[1]更兼心匆乱，

毛焦粪硬又难磨，口涩舌红脾该病，针脾治胃便宜肠，

便下大肠穿肠散，朴硝油下蜜为强。

穿肠散：治牛草伤脾病方。

牵牛、大黄、甘遂、白大戟、黄芩、滑石、黄芪。

以上诸药为末，每服半两，朴硝三两，猪脂半斤，水一升，同调灌之。

牛患草伤脾病图

二、《元亨疗马集·牛驼经》论注

夫草伤脾者，何也？草者，畜之养命之源，何以而致有伤也？皆因久饥太过，出力归来，与之干草，哑畜不知饱足，不意贪之太过；又加与饮，又因久渴，任意饮之太足，干草见水，势必发胀，令兽胃口胀满，冲寒于脾，阻难消化，肚腹膨胀，硬气如雷，此谓草伤脾之症也。

形状：昂头硬气，肚腹膨胀，出气如雷。

穿肠散：治牛草伤脾症。

枳实、厚朴、大黄、芒硝、香附、槟榔、神曲、甘草、滑石、木通。芝麻油、生姜、蜂蜜为引，同调灌之。如口色黄伤料，本方加：麦芽，沙蜜和灌。

三、注解

哽气：呼吸粗厉，喘而哽噎

四、译文

草料损伤脾胃造成脾胃之气不和顺，胃肠消化能力逐渐受损，病牛便会表现出呼吸粗厉，声响较大如雷声；喘而哽噎、精神沉郁或兴奋不安，被毛焦乱，大便干硬而少，反刍减少，口涩、涎稠、舌红等症状。治疗针灸脾俞、胃俞，再加服用穿肠散利肠通便。服药同时加入朴硝，猪脂和蜂蜜效果会更好。

穿肠散：牵牛、大黄、甘遂、白大戟、黄芩、滑石、黄芪。

以上诸药研细为为末，每半两药，加入朴硝三两，猪油半

斤，水一升，调均匀灌服。

五、按语

草伤脾病，是长期饲喂干硬而缺乏营养的藁秆饲料，使胃肠消化能力逐渐受损，病情缓慢加剧以致成病（似为慢性前胃弛缓）。病牛呼吸粗厉，喘而哽噎、精神沉郁或兴奋不安，鼻镜干、口涩、涎稠、舌红、被毛焦乱、大便干硬而少，前胃蠕动音减弱甚至停止，此时食欲废绝。病入沉重期，治疗以泻下为主，先使积食排出，然后再行补脾健胃，针灸脾俞、胃俞，内服攻逐宿积的穿肠散。方中牵牛、大黄、朴硝、甘遂、大戟等药物虽然性较狠竣，但药量不多，虽能强烈刺激胃肠蠕动和分泌，兴奋鼓舞前胃机能，但不伤正；更得黄芪、黄芩、滑石的制约，缓和峻下，故不会发生剧泻。同时一旦宿草积粪泻下，即宜改用健脾散以调理之。方中用量每服半两应改为每味药半两，而大黄可用到三两、牵牛两半、朴硝四两、甘遂、大戟以不超过一两为宜，配合使用黄芪用量可至二两。又本方只适用于阳明实证，瘦弱而有腹泻症状者不可用。服用时以煎剂较好，如以煎汤与煎渣同灌服，则药量还可酌减。

第十二章　牛患水头风病

一、原文

歌曰:

头肿皆因困[1]水伤，更因汗出发风疮，头又难悬眼又急，
颗头肿大恰如囊[2]，项紧更兼悬不得，日深[3]必定受风霜
火针更用三圣散，恶疮头得乳香良。

三圣散：治
牛水头风病方。
砒霜、硇砂、
黄丹[4]（外用炒
乳香）。

以上诸药为
末，用水为丸，
如麦冬大小，按
在颗头疮中，
必痊。

牛患水头风病图

二、《元亨疗马集·牛驼经》论注

夫水头风者，何也？水头风，乃牛头浮肿也。皆因瘦弱老牛，喂养失调，时或浸泡水中，整日不起，时或拴系湿地，从不牵行，又兼老弱，气血衰败，阴盛阳痰，以致阴湿之气入于头顶，耳腮俱浮，残流之于足，四蹄俱肿。此谓阴湿水头风之症也。

形状：头顶俱肿，耳腮虚浮，颈硬难抬。此症有三：水肿皮冷属阴，气肿手擦有陷，黄肿皮热，随手便起。

口色：鲜明者生，青黑者死。

治法：火针肿处刺之，流出清水自消。

戒忌：雨淋，下水浸泡。

茴香散：治牛水头风症。

小茴香、香附、沉香、猪苓、五加皮、白芷、二丑、当归、泽泻、滑石、车前、木香、川芎、木通、甘草。共为细末，黄酒一升为引，调灌。

流气饮：治牛气肿等症。

木香、甘草、荆芥、薄荷、银花、羌活、槟榔、乌药、香附、紫苏、防风、茵陈、木通。黄酒、连须葱为引，调灌。如黄肿者，乃头顶生黄也。以银花解毒汤灌之。

三、注解

1. 困：受困于，被困住的意思。

2. 囊：布袋。

3. 日深：长时间。

4. 黄丹：又名为铅丹、广丹、东丹、陶丹、铅黄、红丹、丹粉、国丹、朱粉、松丹、朱丹、章丹、桃丹粉"等。本品为纯铅加工而成的四氧化三铅。是用铅、硫黄、硝石等合炼而成的。一般外用，有拔毒生肌，杀虫止痒；内服有坠痰镇惊，攻毒截疟的功效。

四、译文

牛得头面肿大的疾病是受困于水的伤害所致，是因为水液凝聚头面引起，也有因出汗后突遭风邪吹袭而闭塞毛孔，使汗液无法外泄，积聚成肿成为疮疡所致。病牛主要症状表现为头重难抬，怒目圆睁，头顶俱肿，耳腮虚浮，头部以及脸颊部肿起，像个大布袋，颈部僵硬，更加抬头不利。此病的原因肯定是长时间感受风霜寒冷之邪所造成。此病的治疗要用火针并结合三圣散治疗，头部疮疡用乳香效果更好。

三圣散：砒霜、硇砂、黄丹（外用炒乳香）。

以上诸药研细为末，用水为丸，如麦冬大小，按在颊头疮中，必定会痊愈。

五、按语

该病多因水液凝聚头面引起，也有因出汗后突遭风邪吹袭而闭塞毛孔，使汗液无法外泄，因而积聚成肿，头面肿大（故又名大头风）。治疗该病多以外治为主，如用火针在肿处浅刺，并用三圣散敷贴患部，以消肿散水而止痛。方用砒霜劫痰杀虫、腐蚀恶疮、硇砂消积去瘀、软坚散肿，黄丹拔毒生肌，乳香活血止痛。

第十三章 牛患气吼喘病

一、原文

歌曰：

喉中出气吼声频，肺毒皆因热积成，喉骨大时须用药，
更放大血效如神，骨胀更兼不可治，用心[1]针取血脓[2]清，
白矾散中须见效，依方灌之病安平。

白矾散：治牛气吼喘病方

白矾、贝
母、黄连、白
芷、郁金、黄
芩、大黄、甘
草、葶苈子。

以上诸药
为末，每服一
两，蜜四两，
猪脂半斤，研

牛患气吼喘病图

和同灌立效。

二、《元亨疗马集·牛驼经》论注

夫吼喘者，乃肺经受伤也。吼者出气缓而喉中有声也；喘者，乃气出促而连连鼻咋也。皆因犁耙出力，或受雨淋，或下水浸泡，热痰凝于肺，阳受阴勉，积于肺窍，塞于肺管，出气喉中有声。若气促连连鼻咋大呼者，乃肺经大热，外受邪郁。令兽肺咋不能收合也，不能容气也。故气出连连呼声大作，肺咋鼻呼，内外相应也。此谓气吼气喘之症也。

形状：伸头直颈，鼻咋喘粗。

口色：口舌鲜明者，生；紫黑者，死。

治法：彻大血、四蹄血、三焦血，颊下有核者，以水针一刺破，核消痊愈。

调理：拴系清凉之处，水浸青草喂之。

戒忌：雨淋，下水浸泡。

白矾散：

白矾、贝母、川连、白芷、郁金、黄芩、大黄、粉草。共为细末，蜂蜜、童便为引，调和灌之。如口色赤紫者外加芒硝、兜铃。

三、注解

1. "心"，原刊作"针"，现改正。
2. "脓"，原刊作"浓"，现改正。

四、译文

牛患了气吼喘病就会出现呼吸困难，呼吸加快，呼气时喉内发出很大的声响，此病的主要原因是热毒直接和聚在肺内上行蒸熏咽喉部引起的，喉头部肿胀变大时必须要及时用药才能控制病情，再加上用针刺放血疗法效果会更好，如果喉头部肿胀严重就没有好办法医治了。用针针刺咽喉肿大处排出脓液，使脓液流尽排出新鲜血液为止，在服用白矾散，按照方子使用方法服用病就会得到治疗，牛就会平安。

白矾散：白矾、贝母、黄连、白芷、郁金、黄芩、大黄、甘草、葶苈子。

以上诸药研细为末，每一两药，加蜂蜜四两，猪油半斤，研细混合均匀后灌服就会取得疗效。

五、按语

牛气吼喘病（气滞肺胀）系实证型喘气证候，概述了病因和临床症状，为热毒直接和聚在肺内引起的原发性气喘症。病牛呈现的主要症状：呼吸困难，喉内声响如雷，喉头部胀大等。古人治疗该病，外用针刺大脉放血（如"喉骨大时"）以泻热毒，内服清热解毒的白矾散。

治疗该病的著名古方白矾散，具有泻肺、祛痰、消肿作用。其中白矾、葶苈子、贝母、郁金等为主药，多年来通过许多地区实践观察，一般认为本方用于治牛的气喘病（包括黑斑病甘薯中毒所致的肺气肿）。具有一定疗效，并可缩短治疗时间。

第十四章　牛患尿血病

一、原文

歌曰:

热入小肠多尿血,水草不餐大粪结,日夜困眠懒动身,
时行瘟疫不须说,当归散用最通灵,红花一味煎汤啜[1],
一二服中立见安,后人记取真方诀。

当归散:治牛尿血病方。

没药、芍药、茱萸、益智、巴戟、牛膝、秦艽、地骨皮、甘草、莪术、当归尾[2]。

以上诸药为末,每服一两,煎红花汤下灌之,立效。

牛患尿血病图

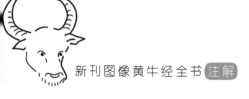
二、《元亨疗马集·牛驼经》论注

牛患尿血、粪血者，何也？夫血者，一身养命之源也。内润五脏，外滋皮毛。血脉壮旺，毛色光华，筋骨强健；血脉微少，毛色焦枯，五脏衰败。血乃浑身之主宰，何以而致入于膀胱，而尿血也？何以而致入于大肠，而粪血也？皆因畜之犁耙出力太过，热积膀胱而溺血也；热入大肠而粪血也。二症者，皆因饥渴过度，空肠出力，卸扼之后，乘热而喂料草，饥渴而过饮冷水，即将热毒郁积于膀胱，而令尿血也。积郁于大肠，而令粪血也。此谓尿血、粪血之症也。

形状：头低耳耷，精神短慢，大便带血，大粪干燥，小便尿红，弓腰吊㿗，水草迟细。

口色：鲜明者生，青黑者死。红黄者可治，紫黑者难医。

治法：弓腰者，火针百会穴。三焦、四蹄血，生针彻之。便血、大粪结燥者，大承气汤加减灌之；痢血者，分利五等散灌之；尿血色鲜者，调经汤治之；紫黑者，红花汤主之。

调理：喂养净处，草料加倍喂之，童便时时饮之。

戒忌：三七之内，休使用出力，勿雨淋水浸。

大承气汤：治牛粪血、膘壮口赤，大便燥结等症。

枳实、川厚朴、大黄、芒硝、生地、川白芍、甘草、木通、花粉、红花、地榆（去梢）、槐角、侧柏叶。各件共为细末，开水冲调，温加芝麻油四两，童便一盏，调和灌之。如大便通利之后，务要发散之剂，再上二三服。如血气不和，为劳伤之症也。

羌活调经汤：治牛饥伤出力便血等症。

当归、川芎、生地、防风、白芷、乌药、香附、地榆（去梢）、木通、红花、白芍、云苓、甘草、白术、陈皮、半夏、百草霜、熟地。各件共为细末，每服四两，煎三沸，温加童便一大盏，同和灌之，五等散：治牛尿血、痢血、大便泻痢带血等症。翁背、四肢温和，此非时疫同着。

茯苓、猪苓、泽泻、滑石、牵牛、车前子、木通、瞿麦、萹蓄、白术、甘草、升麻、黄芪（炙）、槟榔、木香。加炒食盐一大撮，伏龙肝一块，老姜五、七片，调和灌之。一二服分利血止，痊愈。如腹膨胀，加臭椿皮一块，研细入内：如口色赤紫，加大黄、芒硝、大川连；如口色青白，去川连、芒硝、大黄，加砂仁、肉果、炮姜。

补中汤：治血痢不止。

大川连、诃子、槟榔、茯苓、白术、炙草、枳壳、厚朴、木香、陈皮、半夏扁豆花为引。

三、注解

1．"啜"：音酌，小口饮水，叫啜。
2．"当归尾"：原刊无，据方名补上。

四、译文

热邪侵入牛体，心脏受热，表里相传热邪下移小肠牛就会出现尿血的症状。病牛不思饮食，大便干结，精神不振，白天夜晚嗜睡，不愿活动，遇到此种情况，肯定是时行瘟疫传染所致，此

病用当归散治疗效果最好，另使用红花一味药煎汤后小口饮水，服用一二服药后牛就会安康，后来人记得获取方药的诀窍。

当归散：没药、芍药、茱萸、益智、巴戟、牛膝、秦艽、地骨皮、甘草、莪术、当归尾。

以上诸药研细为末，每一两药，用红花汤煎煮后灌服，就会取得较好的疗效。

五、按语

暑热侵入牛体，心受热邪下移小肠，郁结于肾与膀胱而成瘀血，由尿排出，而为尿血之症。病牛精神不振，水草不进，粪干尿赤，排尿时呈痛苦状，卧多立少。又牛在发生热性传染病过程中，也有发生尿血症状的。

中兽医治牛尿血症一般常用秦艽散或瞿麦散或本方。本方为清心止血之剂，用当归活血养血、行瘀生新为主；莪术、赤芍、牛膝、红花、秦艽、没药以行血消瘀而治损伤，地骨皮清热凉血、滋肾水以制心火，山茱萸、益智、巴戟暖腰补肾，甘草和中益气，共组成之。

第十五章　牛患泻荡病

一、原文

歌曰：

忽因困水脏中伤，泻荡皆因冷滑肠，饱后伤中气喘急，
致令[1]黄病瘦毛长，慢草更添腹内泻，冷气传来入膀胱，
健脾[2]暖胃青皮散，十朝半月得安康
青皮散：治牛泻荡病方。

青皮、陈皮、
芍药、细辛、茴
香、白术、桂枝[3]、
官桂、甘草。

以上诸药为散，
每服半两，生姜一
两，盐半两，水
一升，同煎灌之，
立效。

牛患泻荡病图

二、《元亨疗马集·牛驼经》论注

牛患泻荡者，何也？夫泻者，乃痢之症也。皆因蓄养失调，饥渴出力太过，饥渴至极，使之饮水太足，或在水中浸泡，或在湿地安眠，内停宿水，阴气不降，阳气不升，脾不运化。令兽清浊不分，而成泻荡之症也。

形状：耳耷头低，精神短慢，大便不禁，时或倾泻。

口色：鲜明者生，青黑者死。

治法：火针脾俞穴，百会穴。膘肥者，彻四蹄、三焦血；口臭者，洗口，彻心经血。彻此血于舌底大紫筋上，用小针刺之，出血。用井泉水冲洗，食盐擦之，以去心火，水火既济而气血匀；气血匀而百病消矣。

调理：喂养清净之处，生熟料一切忌之。

戒忌：雨淋，水泡。

青皮散：治牛泻痢等症。

青皮、陈皮、白芍、细辛、茴香、官桂、白术、粉草、车前、木通。共为细末，每服四两，加食盐五钱，生姜五片，童便二盏，同调灌之。如小便不利，加猪苓、泽泻、茯苓、二丑、萹蓄、瞿麦。以分利阴阳而痢自止矣。如痢不止，而色赤者，内有宿食未消，用行气消积散灌之。

消积散：大黄、芒硝、枳壳、厚朴、槟榔、乌药、木香、香附、神曲、麦芽、生姜、炒盐。各件共为细末，每服四两。如腹内痛，加伏龙肝，同和灌之。

三、注解

1．"致令"，原刊作"至今"，现改正。
2．"健脾"，原刊作"针皮"，现改正。
3．"桂枝"，原刊作"桂花"，现改正。

四、译文

牛如果因为水邪伤了脏腑，脏腑受困于水邪，就会出现腹泻清水，下痢入注，发生此病的主要原因是寒冷湿邪集聚肠胃，或饲喂太饱损伤脾胃中气所致。病牛表现出呼吸短促，喘息，体瘦毛长，消化不良再加导致泄泻，冷邪可以传入膀胱导致小便不利。治疗此病要健脾暖胃，方药用青皮散，连续服用十天到半个月此病就会得到治疗，病牛就会安康。

青皮散：青皮、陈皮、芍药、细辛、茴香、白术、桂枝[3]、官桂、甘草。

以上诸药研细为散，每半两药，加生姜一两，盐半两，水一升，煎煮后灌服，就会取得较好疗效。

五、按语

泻荡为腹泻荡水，亦即水泻。黄病是指脾病。脾不能运化草谷，牛即体瘦毛长，青皮散的组成，与治水伤病的温脾散大有相似之处，其共同药味有青皮、陈皮、芍药、细辛、茴香及姜，而苍术换成白术、肉桂、防风、桂枝、厚朴、当归、枳壳等味又都有祛寒、解表、燥湿、止痛、破气、化瘀等功效，相互换用无碍

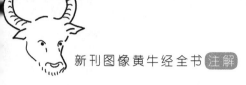

方意，处方中原刊有桂花，因未见有用桂花治寒泻者，而桂枝为足太阳膀胱经药，并有散寒醒脾作用，故知其误而予以更正。本方较适用于使役后，牛体疲困，饮水过多，冷伤脾胃，食欲不振或废绝，也不饮水，大便水泻的病例。

第十六章　牛患肝胆风病

一、原文

歌曰：

肝胆[1]风牛病不轻，或起或卧眼睛睁，奔走往来不住脚，

三朝五日辄[2]心惊，耳急更兼青口色，不治之时病转深，

名方好药二三服，七八九日使牛轻。

必效散：治牛肝胆风病方。青葙子、石决明、草决明、石

膏、龙胆草[3]、玄精石[4]、木贼、黄芩以上诸药为末，每服一两，蜜四两，硝[5]三两，水一升，灌之即愈。

牛患肝胆风病图

二、《元亨疗马集·牛驼经》论注

夫肝胀风者，何也？肝者，筋之主也。皆因蓄养太盛，多喂少用，娇养乍使，或犁耙出力太过，转来拴系檐巷，或近池塘，阴风吹伤经络，气血凝郁肝经。令兽浑身紧急，如绳捆索绑之类，起卧奔走，两目圆睁，此谓肝胀风之症也。

形状：起卧奔走，两目圆睁，皮紧腹细。

口色：仰陷青白，舌紫唇黄者，可治；仰陷青黑者死。

治法：火针肝俞穴、百会、前抢风、后大胯、曲池等处，生针彻三焦、四蹄、舌下心经等血。

戒忌：日晒雨淋，下水浸泡。

调经追风散：治牛肝胀风症。

川木瓜、羌活、川芎、白芷、谷精草、木通、防风、薄荷、追风夕、当归、荆芥、粉草、白菊花。各件共为细末，黄酒为引，调和灌之。如口色鲜明，筋骨不和，把前把后，本方加：川乌、草乌、天麻、细辛。如筋骨不把，两目圆睁者，本方加：龙胆草、石决明、青葙子、木贼、黄芩。竹叶为引，调灌。

三、注解

1. "肝胆"，原刊均作"肝肠"，改正。
2. "轭"，原刊作"撖"，改正。
3. "龙胆草"。原刊作"草龙胆"，改正。
4. 玄精石：钙盐石裔的一种，别名阴精石，玄英石。
5. 硝：朴硝。

四、译文

牛患了肝胆风病是一种比较严重的疾病，病牛一会站立一会卧倒，眼睛圆睁，到处狂走急奔不愿停下，三五天后就会精神混乱，出现浑身肌肉颤抖，两耳上竖，闻声惊惶，口内呈现青色。如果不及时治疗病就会加深，难以医治。用有名的处方和好药（必效散）服用两三副，十日内此病就会缓解。

必效散：青葙子、石决明、草决明、石膏、龙胆草、玄精石、木贼、黄芩。以上诸药研细为末，每一两药，加蜂蜜四两，朴硝三两，水一升，灌服就会取得较好疗效即愈。

五、按语

该病系一种肝胆实热证候，由于肝经热盛而生风，故病牛出现狂妄的急性热型症状，表现为狂走急奔，起卧不停，睁眼视物，继而出现浑身肌肉颤抖，两耳上竖，闻声惊惶，口内呈现青色。治疗该病的"必效散"是取"清肝胆实热，使热去而风自消"。方中青葙子、石决明、草决明、龙胆草、木贼入肝经祛风清热，玄精石、石膏、黄芩、朴硝清实热，蜂蜜调和各药，清热解毒、润燥补中。

第十七章　牛患水草胀肚

一、原文

歌曰：

肚胀多因是草伤，天气炎炎水似汤[1]，冷热不和因中结，
口中流涎吐舌长，医人须要察其症，热用凉医阴用阳，
药有名方大戟散，一服灌之便可康。

大戟散：治牛水草胀肚方。

大戟、滑石、甘遂、牵牛、黄芪、巴豆、川大黄。

以上诸药为末，每服一两半，猪脂半斤，朴硝一两，水一升，同调灌之立效。

牛患水草胀肚图

二、《元亨疗马集·牛驼经》论注

牛水草胀肚者，何也？夫水草者，乃畜之养命之源，何以而致有肚胀之症也？皆因草饱久渴，暑月炎天，酷热之水饮之太足，或因天降黄沙，落注草上，饿牛食之，腹内草渣转出肛肠，沙腻砌大百叶而百叶不翻，抑或过饮酷热之水，阴阳不和，郁凝而成中结。令兽肚腹胀大，口内流涎，出气硬噎，鼻头无汗，水草胀肚，中结之症也。

形状：肚腹胀满，口中流涎。

口色：仰陷红黄，唇赤舌紫。

治法：火针脾俞穴，用鞋底将针孔上轻轻打之，使脾气邪疫针孔出来，而胀自消矣。白针彻四蹄血、三焦血，气行血活，胀消退。

调理：不住牵行，腹上以手揉捺，使宿食转动，从大便而出，胀自消矣。

戒忌：雨淋、水泡。

通肠散：治牛水草肚胀腹满等症。

滑石、木通、粉草、大黄、芒硝、神曲、白术、当归、麦芽、槟榔、桔梗、陈皮、生地、火麻仁。各件共为细末，每服四两，水一升，煎三沸，温加芝麻油，或麻籽油四两，调灌立愈。

但凡结症，只可缓润，使关窍开通，而病自痊矣。切不可用巴豆等急攻，否则肠胃损而畜命休也。医者切切记之，万不可急攻。

《经云》："十结之中半有亏者，皆因急攻之过耳"。予临

症数十年，凡遇结症，务要缓治，上润下倒，十治十生，毫无损坏。予特书此志之，以示后学，万不可仓皇，有伤生命，自损阴德矣。

唯牛有百叶。如有百叶干燥之症者，只可以香味药醒之，万不可攻之下之。

三、注解

1. 汤：古时指热水。

四、译文

牛患了肚腹发胀的病多数情况下是因为水草伤及胃肠所引起的，特别是天气炎热的时候，水也是热的，饮入大量水造成腹内冷热二气不和是诱发此病的主要病机，病牛表现出口中流出大量涎液，舌头吐出很长，兽医诊疗此病需要特别仔细的诊察病牛的症状，热病要用凉药医治，反之寒证要用热药医治，不可搞混。治疗此证有一名方叫大戟散，一副药服用下去就可以使牛的病痊愈。

大戟散：大戟、滑石、甘遂、牵牛、黄芪、巴豆、川大黄。

以上诸药研细为末，每一两半药，加入猪脂半斤，朴硝一两，水一升，混合均匀后灌服就会立刻取得疗效。

五、按语

以"口中流涎吐舌长"为特征的水草胀肚病，与急性前胃弛缓（急性臌气）发展到出现"胸式呼吸，有时舌伸出，自口中流出唾液"的症状基本一致。该病的病机，现代兽医学认为："当吃了大量液体饲料后，先是内容物有力地自瘤胃、网胃向瓣胃、皱胃中排入，然后内容物再向肠排去迅速充满，由于内容物刺激肠壁感受器，则可招致多室胃收缩的抑制，从而引起急性前胃弛缓"。由此，在治疗中紧紧抓住迅速排出肠内容物这一环节是十分必要的。方中巴豆一药素以开通闭塞、竣利谷道而著称，因此本方选用巴豆以加强肠道内容物的排出，从而恢复和增强前胃机能，是有其独到见解的，应用峻泻的大戟散，方中有大戟、甘遂、牵牛、巴豆这类峻泻药用之宜慎，量不宜多（原文用药一两半，是指总量，这在大牛剂量已经不轻），并宜配加黄芪、滑石以补气去热（滑石有保护胃肠黏膜作用）。同时，还宜用散剂投入胃中，使药在胃内缓慢发生作用，而不宜煎汤服用。此方据原苏北农学院报道，曾治原发性病例有效。对继发性脾磨病亦佳，又甘肃农业大学也认为加减本方治疗，效果良好。

第十八章　牛患百叶干病

一、原文

歌曰：

失水多时百叶干，更因负重力伤残，毛色焦枯粪又紧，
日见廷嬴脚软酸，方有三棱猪膏散，服来数帖得平安，
牛医切莫误用药，经书里面用心看。

猪膏散：治牛百叶干病方。

牛患百叶干病图

滑石、牵牛、粉草、川大黄、官桂、甘遂、大戟、续随子、白芷、榆白皮[1]。

以上诸药为末，每服一两半，水二升，猪油半斤，蜂蜜二两，同煎灌之愈。

二、《元亨疗马集·牛驼经》论注

夫牛百叶干燥者，何也？百叶者，乃牛胃中之首腑也。即首领也。其马、骡、驴畜，只有胃口，而无百叶。所食草[2]谷尽入于胃口，而脾胃中转化，转入于大肠。其牛有不同也。皆因有百叶之分也。但所纳之草谷，俱皆回固吞入百叶之中，百叶满而牛即饱也。或立或卧，又将百叶中之草谷，回倒口中细嚼，然后入胃，转入大肠转化。然因何而致有百叶干燥也。皆因牛之饥饿，百叶空虚，乘饥而或耕田耙地，务将一遍田地耕完耙毕，方卸扼索，令其牛之百叶空虚，出力太过，或下水浸泡，或湿地安眠，不能使之就食，以致邪湿浸于胃中，百叶空虚，停止不动，以致胃内宿食，不能转入大肠，纵然与食，脾胃虚耗，百叶不翻。又加之以宿食生火，外有邪湿生火，二火相煎，以致牛之百叶生有干燥之症也。然何以见知？盖百叶干燥，鼻头即无汗也。《经》云："鼻头无汗百叶干，更因负重力伤残"。又云："使饱牛，跑饿马"。盖使饱牛者，其牛不致伤力、伤脂，劳伤过度之症也。跑饿马者，其马不致有肠断、肉断之忧。然中之百叶干者，即牛之劳伤过度之症也。令牛之鼻头干燥无汗，日久鼻上开裂死皮，此谓劳伤过度，百叶干燥之症也。

形状：毛焦吊欹，鼻头无汗，燥烈受尘，水草迟细，精神短慢。

口色：鲜明如桃花色者，生；红黄者，可治；青白者，险；紫黑者，难治。

治法：火针百会、脾俞穴。若春时三焦、四蹄彻血，若冬时

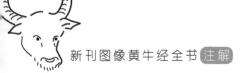
只彻三焦血。少膘者，不可彻四蹄血。内灌开胃调经药。

调理：喂养暖处，草料加倍，狼草铺地卧之。

戒忌：湿地拴系，水中浸泡。

调经活血汤：治牛劳伤过度，百叶干燥等症。

当归、川芎、红花、白芷、桔梗、陈皮、甘草、半夏、羌活、防风、麻黄、桂枝、香附、乌药、木通。各件共为细末，每服四两，童便二盏，连根葱五、七枝切碎，同煎三沸，温加黄酒一斤，芝麻油二两，调灌之。二三服痊愈。如不痊，再灌开胃润肠药，二三服痊愈。

开胃润肠散：治牛百叶不翻等症。云苓、白术、陈皮、甘草、菖蒲、香附、瞿香、五灵芝、元胡、当归、生地。各件共为细末，每服四两，红枣五、七枚，老生姜五、七片，同煎三沸，温加童便二盏，同和灌之。二三服后，如大便燥结，再灌润燥麻仁汤主之。

麻仁汤：治牛脏结、百叶干燥等症。火麻仁、大黄、郁李仁、当归、生地。各件为末，每服四两，煎三沸，候温加麻油四两，白蜜[3]四两，或牙猪油四两捣碎，和灌一二服，粪润不灌此方。如口色赤紫者，舌底彻血，新汲水洗之。食盐撮擦之。如粪润之后，不能进食，草细再灌健中汤。

健中汤：治牛劳伤过度，水草迟细等症。陈皮、半夏、条参、白术、云苓等、肉果、槟榔、豆蔻、山药、丹皮、熟地、萸肉、生地、木通、泽泻、甘草、桔梗、香附。各件共为细末，每服四两，老姜五、七片，红枣五、七个打碎，同煎三沸，温加童便二大盏和灌。大便通利粪润，如口色青白，加肉桂、附子，再灌一二服，即可进食。痊愈。

三、注解

1．榆白皮：原刊作"地榆皮"，改正。
2．"草"，原刊无，增补。
3．"白"，原刊作"北"，改正。

四、译文

牛如果失水（津液不足）过多时就会得百叶干的病，因劳伤过度，受伤就会加重此病症，病牛表现出毛色焦枯，大便干燥难下，身体也渐渐瘦弱，四肢痿软无力。治疗此病证的方药是三棱猪膏散，多服几副药就会得到平安（疾病痊愈）。作为兽医治疗此病切莫乱用药以免误治，要在经典医书里用心查找资料。

猪膏散：滑石、牵牛、粉草、川大黄、官桂、甘遂、大戟、续随子、白芷、榆白皮。

以上清药研细为末，每一两半药，加入水二升，猪油半斤，蜂蜜二两，共同煎煮灌服，牛的此病就会痊愈。

五、按语

该病系属血虚胃燥之症，多因劳伤过度，水草不节，日久致使气亏血少，第三胃（瓣胃）津液枯涸，燥而难通。故而"虚"与"燥"是该病的病因关键。临床上以内容物滞积，水分被吸收而干涸，瓣胃肌麻痹及小叶压迫性坏死为特征。病初精神沉郁，食欲、反刍减少，有时空口咀嚼或磨牙。体温、脉搏、呼吸均正

常。后期体温稍高，脉搏、呼吸加快。严重时食欲废绝，瓣胃蠕动停止，鼻镜干燥或至龟裂，不断磨齿或伴有呻吟，排粪减少或呈顽固性便秘，粪干燥呈球状或扁薄硬块，有时附着白色黏液或排胶沫泥类样粪便。方以三棱猪膏散命名，则三棱应为主药。但方中未列，后刊各书亦无，猪膏散方内有一半是逐水攻下药，即刺激胃肠黏膜增加分泌，使胃肠内液体增多，由大便泻下，本方以反药同用而著称，其甘草与甘遂、大戟配伍系反药，但实践证明，却能促攻坚消积之功，为治牛百叶干病较理想的方剂。另用官桂暖胃，白芷止痛，是本方尚需行气破血，消积止痛之药，故宜仍加三棱为是。又榆白皮甘平滑利，对燥结瓣胃更为适用。治疗该病宜用散剂煎后，以煎汁和药渣同灌比单用汤剂为好。而燥证宜润，攻逐为辅助手段，故除行气破血药外，重点还要用猪油、蜂蜜来滋润，尤其是方中药味虽多，但喻氏独以"猪膏"命名，说明猪油是方中之主药，因所有油类中唯猪油最滋养而润、对保护百叶黏膜十分有利，故不可忽视，又有榆白皮一味，在植物药中质最黏着而滑、可延长其在瓣胃中停留时间，以协同润药（猪油和蜂蜜）更好地发挥作用。

第十九章　牛患牛衣¹不下

一、原文

歌曰：

母牛气逆用疏通，冷热不和在其中，因此胎衣留腹内，
神圣良方知可从，医时用手涂油入，拨动须臾又见功。
神圣散：治牛衣不下方。
穿山甲、大戟、滑石、海金沙。
以上诸药为末，每服半两，水一升，猪油四两，灰汁²一盏，
同调，灌之，立效。

牛患牛衣不下图

二、《元亨疗马集·牛驼经》论注

三、注解

1. 牛衣：指牛的胎衣。

2. 灰汁：取柴草杂木烧余的新鲜灰，用沸开热水冲之取其汁液。

四、译文

母牛（产子时）胎气不通畅出现气逆，应该用疏通的方药进行治疗。此病是因为胞宫中冷热二气不和，造成胎衣不能剥离而滞留在子宫内。遇到此种病症，病初可内服神圣散下胎衣，但服药后胎衣仍不排出者，就须施剥离手术。治疗时洗手消毒涂油，然后缓慢入宫剥衣。剥时应运用手指小心逐个将胎衣剥离，就会治疗好此病。

神圣散：穿山甲、大戟、滑石、海金沙。

以上诸药研细为末，每半两药，加水一升，猪油四两，灰汁一盏，混合均匀，灌服，就会立刻见到疗效。

五、按语

牛胎衣不下的病因多是孕牛缺乏运动，饲料中缺钙、盐、维生素及其他矿物质。也有的是由于饮喂失调。体弱气虚而引起的子宫弛缓。病初可内服神圣散以理气散瘀而下胎衣，但服药后二至三天胎衣仍不排出者，就须施用剥离手术。术者右手指甲须剪手磨光，洗手消毒涂油，然后缓慢入宫剥衣。剥时应运用手指小心逐个将衣柄（子叶）握紧剥离，再用艾叶水洗涤子宫，然后放一点冰片粉于子宫内。

喻氏兄弟在《牛经》中，除载有手术摘除胎衣外，还用神圣散方内服治之。方中以穿山甲散血通络，海金砂、滑石利水，大戟通瘀血竣泻，能否对子宫收缩及对胎衣不下有显著作用，尚待进一步研究。

第二十章　牛患皮内生疮

一、原文

歌曰：

浑身疮疥退毛衣，肺毒皆因积热成，皮毛外应疮为里，
春秋不泻热来迎，低头乱喘尿流血，用药穿肠泻后灵，
大血两针先与放，有医不会强争名。

郁金散：治牛皮内生疮方。

郁金、苦参、人参、麻黄、薄荷、沙参、甘草。

以上诸药为末，每服半两，蜜四两，水一升，同调热啖[1]之大效。

牛患皮内生疮图

二、《元亨疗马集·牛驼经》论注

牛皮内生疮者，何也？夫疮者，乃血气之所致也。气血者，乃周身之雨露，内润五脏，外滋[2]皮毛，气不行则麻，血不行则痛，气血稍不能足，令兽衰弱少膘。《经云》：气血壮而精神爽；气血衰而身体弱。然疮者，气血之凝滞也。皆因暑月炎天，出力归来，喘息未定，气血未调，或经雨淋，致将热血迫注于皮肤，热则宣流，寒则凝滞，血凝皮肤，不能流转经络，而成为疮也。令兽浑身疙瘩，遍体疔痛，皮毛退落，脓[3]血并流，此谓热成肺毒、遍体生疥之症也。

形状：浑身疙瘩，遍体疮疡，低头喘粗，时或尿血。

口色：口干舌紫，仰陷红黄者生；青黑者死。

治法：针刺大血、三焦、四蹄等放血。穿肠散灌之。

调理：喂养清凉之处。

戒忌：下水浸泡。

穿肠散：治牛皮肤生疮等症。

银花、夏枯草、白芷、当归、红花、芒硝、陈皮、连翘、锦大黄、花粉、荆芥、薄荷、防风。各件共为细末，每服四两，水煎三沸，温加黄酒一斤，和灌一、二服，痊愈。

三、注解

1．"啖"：本义：吃，咬着，吃硬的或囫囵吞整的食物。这里是"服用"的意思。

2．"滋"：原刊作"资"，改正。

3．"脓"：原刊作"浓"，改正。

四、译文

牛出现浑身长满疥疮，脱毛的症状，是因为肺内积聚热毒而引起的（因肺主皮毛），生疮脱毛是肺内热毒反映到体外的表现。在春、秋两季牛体内的淤积之热如果等不到排泄，牛就会出现（除生疮脱毛外）气塞、喘息、尿血等症状，先在颈脉等穴位放大血，再服用穿肠泻热的方药就会取得较好疗效。这样治疗方法是很多兽医都会采取的方法。

郁金散：郁金、苦参、人参、麻黄、薄荷、沙参、甘草。

以上诸药研细为末，每半两药，加入蜂蜜四两，水一升，混合均匀加热后趁热服用就会取得较好疗效。

五、按语

牛患疮疥脱毛，皆因肺内积聚热毒而起。因肺主皮毛，肺毒外注。故有脱毛生疮现象，而同时出现气塞、喘息、尿血等症状。郁金散方内外照顾，既清肺热，又治皮疮，方中郁金清热凉血，薄荷退热解表，沙参清肺养阴为主药；人参补气为辅；苦参清热凉血、杀虫解毒，麻黄发汗解表、平咳利水为佐；甘草、蜂蜜补中益气、清热解毒而调和诸药。

第二十一章 牛患鬼气抽脾[1]

一、原文

歌曰：

虚耗多因鬼气[2]伤，脾寒胃冷颤忙忙，气喘长眠头伏地，翻睛咋舌口虚张，涎流鼻冷疮生耳，医人急救用良方。

灵应散：治牛鬼气抽脾方。槟榔、豆蔻、白术、黄芪、桂心、附子、良姜、苍术、甘草

以上诸药为末，每服一两半，生姜半两，水二升，同煎灌之即愈。

牛患鬼气抽脾图

二、《元亨疗马集·牛驼经》论注

牛患息气把脾者，何也？夫息者，呼息也。出气为呼，入气为息，息气把脾疼痛，而胸肋发颤者，皆因兽之出力太猛，失于牵行，拴于檐巷之下，或眠湿地池边，致使阴湿伤于血气。脾乃生血之源，行气之宗，脾受湿邪，停而不动，令兽气滞不能行血，故血不行，而息气痛也。以致鼻息冷气，胸肋发颤，张口哼声。此谓息气把脾疼痛之症也。

形状：头低耳搭、鼻息冷气、胸肋发颤。

口色：鲜明者，可治；青黑者，难医。

治法：火针百会穴、脾俞穴、抢风、大胯、小胯等穴；生针彻三焦、四蹄等血。回阳急救汤灌之。

调理：喂养净处。

戒忌：雨淋风吹、下水浸泡。

回阳急救汤：治牛息气把脾疼痛等症。

槟榔、豆蔻、白术、桂心、附子、黄芪、炮姜、细辛、苍术、粉草、木通、陈皮、半夏、官桂、老姜。共为细末，加黄酒半斤，童便二大盏，调和灌之。如呼息不调，本方加：香附、乌药、木香。气顺则呼息自调。

三、注解

1. 鬼气抽脾：《元亨疗马集·牛驼经》改称为"息气把脾"。

2. 鬼气：即邪气，为致病因素，亦有指晚间受寒的意思。

四、译文

牛得了虚弱和慢性消耗性瘦弱的病症是因为牛受到了邪气的伤害所致，寒邪内侵入体而形成脾胃虚寒之症，病牛出现形体消瘦，肌肤颤抖，呈虚喘状，卧地不起，头伏地面，张口伸舌，口内流涎，口鼻俱冷，有的两耳溃烂。兽医人员应该及时治疗，可用灵应散治疗。

灵应散：槟榔、豆蔻、白术、黄芪、桂心、附子、良姜、苍术、甘草。

以上诸药研细为末，每一两半药，加入生姜半两，水二升，混合均匀煎煮后灌服，牛就会痊愈。

五、按语

该病多因劳役过度或饲养失调，体内气血耗损过多的脾胃虚弱情况下，寒邪最易乘虚内侵而形成脾胃虚寒之症。病牛形体消瘦，肌肤颤抖，卧地不起，头伏地面，张口伸舌，呈虚喘状，口内流涎，口鼻俱冷，有的两耳溃烂。治方取：附子、桂心、生姜大辛大热，助阳散寒，黄芪、甘草补气和中而缓和，附、桂、姜燥湿、健补脾胃以助运化功能，槟榔散结消积，破气下水。

第二十二章　牛患宿草不转

一、原文

颂曰：

便结[1]皆因牧养非，伤饥伤[2]饱失其宜，宿草难消肚里胀，
起卧时时更掉蹄[3]，肺中毒热脾虚耗，鼻干气急两由之，
水草不餐声又吼，良民急救莫迟迟。

通[4]白气散：治牛宿草不转方。狼毒、滑石、牵牛、大戟、黄芩、黄芪、川大黄。

以上诸药为末，每服一两，猪脂半斤，朴硝四两[5]，水一升，同煎，温灌之，立效。

牛患宿草不转图

二、《元亨疗马集·牛驼经》论注

牛患宿草不转者，何也？夫宿草者，乃胃中有停积之谓也。不转者，不能转于大肠，从肛门而出也。皆因喂养失调，饥渴出力太过，胃口无食，脾受虚损，以致热痰壅于胃口，脾气耗损，不能如化宿食。令兽所食宿草，不能转动，停积胃中，腹内生热，成饱胎结食之患。此谓宿草不转之症也。

形状：肚腹胀满，硬气嚼齿，鼻干无汗。

口色：唇黄舌紫，两窍昏糊。

治法：白针脾俞穴，入气针将腹内气从气针孔中放出，而腹胀立见消也。彻四蹄、三焦血，火针百会穴，不住牵行，肚腹时或揉捺，宿食转而胀消，自然食也。

戒忌：雨淋水浸，生熟料一切忌之。

行气散：治牛宿草不转等症。

槟榔、滑石、牵牛、大戟、黄芩、黄芪、大黄、木通、厚朴、芒硝、草果（去壳）。各件共为细末，每服四两，水煎三沸，温加生猪脂四两，捣碎和灌，立愈。如脾不磨，再加醒脾开胃之剂，脾磨则自能食。大便务宜润，小便务宜利，可谓调治之则也。

三、注解

1．"便结"，原刊作"便血"，改正。

2．"伤"，原刊作"食"，改正。

3．蹄：即以蹄踢腹，是腹痛的一种症状。

4. "通"，原刊作"行"，改正。

5. "四两"原刊无，补上。

四、译文

牛患大便秘结，都是因为饲养不当所引起。过饥或过饱造成脾胃之气失宣，运化不足所致，吃进去的草长期停留肠胃中难以消化引起肚腹发胀，牛起卧不停，并且用蹄踢腹部。由于肺部热毒消耗脾胃之气，使其虚弱所致，出现鼻干无汗，硬气嚼齿等症状，饮食废绝，并且大声嚎叫，畜主发现此病要抓紧治疗，不得耽搁。

通白气散：狼毒、滑石、牵牛、大戟、黄芩、黄芪、川大黄。

以上诸药研细为末，每一两药，加入猪脂半斤，朴硝四两，水一升，混合均匀煎煮后趁热灌服，牛就会痊愈。

五、按语

宿草不转病，据"歌曰"来看，与现代的瘤胃积食所表现的腹胀坚实、疝痛踢腹等症状相符（如"宿草难消""胀肚""起卧时时更掉蹄"）。所列方剂通气散是治疗该病许多方剂中的一个。性酸猛峻，药量不宜大，以免有损正气，但一两又太少，常不能达到治疗目的，根据病情轻重和体质强弱，掌握适当的药量，是取得疗效的重要关键。方中以黄芪补气，提高瘤胃的蠕动功能；以狼毒、朴硝，大黄攻积食以泻下，以牵牛、大戟逐水以泻下，以猪脂软坚，配黄芩、滑石以清热消炎，实为攻补兼施的理想方剂，但狼毒有大毒，大戟、牵牛，狼毒又都是竣泻药，对胃肠黏膜有刺激，不能多用。本方只适用于体质壮实、前胃积食并有便结、尿黄、口色红者。发病不久的积食症（实胀），如为脾胃虚弱、口色淡白，因前胃弛缓而产生的虚胀性积食不宜应用。

中兽医常用的四大戟散，是指以大戟为主的四个著名方剂。即穿肠散（治草伤脾病）、通气散（治宿草不转）、大戟散（治水草胀肚）和猪膏散（治百叶干），这是明代以前一个历史阶段治牛前胃疾病的重要总结，至今仍是农村兽医临床治疗的重要依据。其四方的组成，基本相似，如以穿肠散为基本方，则通气散去甘遂，易狼毒；大戟散去黄芩、用巴豆；猪膏散减去黄芩、黄芪、朴硝，加续随子、肉桂、三棱、白芷、榆皮、甘草、蜜而成。对于四大戟散的应用，自清代以来，因套用中医书籍"大戟有毒"的告诫而有被忽视的趋势，故治疗牛的前胃疾病多转向消导通便等平稳方剂发展。这是没有深入了解到人与反刍动物在用药上有不同特点所造成的，因而在临床上由于受"反药"毒性的思想束缚，对初、中期病牛亦不敢冒然轻投，而采用一般平稳方从而拖延了病情，直至病势重笃，才起用大戟散来作破釜沉舟，孤注一掷，然而病已垂危而用之无效，反斥右方大戟散为无用，这是经常遇到的情况。因为四大戟散虽药性竣猛，有的配伍相反，但对于牛前胃病，重在增强前胃蠕动，借助生理功能推动，使滞下行，只要用之得当，未见有不良后果的。对四大戟散的应用，应尽量提早，抓住战机，常奏效，切勿一味等待，错过用药时机，这是运用四大戟散的关键所在。

第二十三章　牛患热发退毛

一、原文

歌曰：

浑身发热气运传，眼赤舌干珠又悬，本因伤热心肺起，
更由失饲致其然，喘急不思水与草，镇日[1]恹恹[2]只爱眠，
脂油调蜜五如散，三服之后却依原。

五如散：治牛热发退毛方。地黄（二两），寒水石（四两），石膏（四两），乌头（二两），玄精石（四两）。

以上诸药为末，每服半两，又用猪脂半斤，水二升，大黄半两，同熬共煎，同调灌之立效。

牛患热发退毛图

二、《元亨疗马集·牛驼经》论注

三、注解

1. 镇日：即整日。

2. 恹：音淹（yan）。恹恹，为病态，是精神沉郁，周身无力的意思。

四、译文

牛得了浑身发热出现脱毛的症状，眼睛发红，舌体干燥，汗出如水（浑身毛发被汗水湿透），该病是因为热邪侵犯心肺所引起，再加上饲喂管理不当所造成。

当病牛表现出喘息不停，不愿意吃草和饮水，整日精神沉郁，周身无力只喜欢睡觉。治疗此病用猪油和蜂蜜调和五如散灌服治疗，三副药后牛就会痊愈如初。

五如散：地黄（二两），寒水石（四两），石膏（四两），乌头（二两），玄精石（四两）。

以上诸药研细为末，每半两药，加入猪油半斤，水二升，大黄半两，混合均匀煎煮后灌服，牛就会痊愈。

五、按语

热发退毛，是血热发生的脱毛症。血热则津损，被毛得不到营养滋润，枯焦而易脱落。治疗该病的五如散，是以生地黄养阴清热、壮水制火，寒水石泻火利水、去皮内火热，石膏清火生

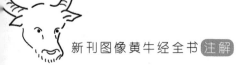

津、通肺解肌，玄精石泻热滋阴、益气解肌，猪脂润燥泻火，大黄泻实热。因上药均为寒凉之品。恐其过甚而伤阳，故佐以乌头的辛温以制约。

新刊图像黄牛经

大全注解

卷

下

第一章　牛患热病

一、原文

歌曰：

水牛病热有根源，膈上关连心肺间，炎天夏月常令[1]病，

用药须先治疗看，若是医家宜用药，三黄散用得安痊。

三黄散：治牛患热病。

黄药子（八两）、知母（九钱半）、白药子（八两）、贝母

（九钱五分）、大黄

（九钱半）、黄芩

（一两一钱）、甘草

（一两一钱）、郁金

（一两）。

以上诸药为末，

每服一两，水一大

碗，蜜一两，同调灌

之立效。

牛患热病图

二、《元亨疗马集·牛驼经》论注

牛患热症者，何也？夫热者，暑月炎天也。牛马蠢畜，又兼炎天暑月失于调理，或牧放于郊，酷日久晒，或拴系暖厩，热气薰蒸，令兽心烦意急，眼赤舌干，浑身发颤，汗出如水，此谓热积心胸，肺喘之症也。

形状：浑身发热，眼赤汗流、喘粗不食。

口色：鲜明者生，红黄者可治，青黑者难医。

治法：彻大血、三焦、四蹄、心经等血。

清心散：治牛热症。

花粉、干葛、茯神、远志、郁金、知母、黄芩、滑石、栀子、连翘、麦冬、甘草、木通、飞川连、竹叶、灯草，鸡子清、童便为引。如口色赤紫，加大黄、芒硝。如大便燥结不通，加火麻仁四两，调灌。

三、注解

1. "令"，原刊作"冷"，改正。

四、译文

牛得了热性病是有根源的，纵膈位于心肺之间联系二脏，夏天天气炎热时候，热邪常常侵犯纵膈并联累心肺，热邪积聚心肺，致使体内热气熏蒸，气血郁结而发病。兽医治疗此证要明确证候以便选对方药，治疗此证最适宜的方药是三黄散，服用此方后牛的热病就会得到治愈。

三黄散：黄药子（八两）、知母（九钱半）、白药子（八两）、贝母（九钱五分）、大黄（九钱半）、黄芩（一两一钱）、甘草（一两一钱）、郁金（一两）。

以上诸药研细为末，每一两药，加水一大碗，蜂蜜一两，混合均匀后灌服，牛就会痊愈。

五、按语

热症在夏季最为普遍，因夏季外界气候炎热，易于积聚心肺，致使体内热气熏蒸，气血郁结而发病。在确诊其为热症之后，可用三黄散治之，效果较好。方用黄、白药子凉肺降火，大黄泻实热，郁金凉血开郁，黄芩与二母滋阴泻肺热，甘草、蜂蜜和中泻热。

第二章 牛患砂石淋病

一、原文

歌曰：

不尿撒尾更[1]头平，水牛忽患砂石淋，药用砂难吞不下，

尿脐从前细上寻，前坐热者用手取，用针割硬莫沉吟，

结硬毒清水通往，见定方才止尿淋。

滑石散[2]：治疗牛患砂石淋方。

滑石（一两五钱），木通（五钱），续随子（二两半），桂心（三两四钱），厚朴（一钱），豆蔻（三钱半），白术（三两），黄芩（三两），黑牵牛（四两）。

以上诸药为末，每服四两，水冲，候温灌之。

牛患砂石淋病图

二、《元亨疗马集·牛驼经》论注

夫牛患砂石淋者，何也？石淋者，异症也。皆因兽之膘肥肉重，精气壮旺，使用出力之后，时或纵于池塘浸泡。其精壮者，相火旺也；膘满者，心火旺。二火旺相者，下水浸又起邪火，君火、相火、邪火，三火传积于腰肾，凝郁于丹田，煎炼精华于膀肌，日久毓秀而成为砂石，塞于水道。令兽溺尿不出，此谓君、相、邪三火，煎炼精华成石，而为砂石淋之症也。

夫邪火者，风火也，火得风而更烈，火焰冲天也。入水浸泡，致生邪火，使助君火，更助相火，三火更烈，煎炼精华成石，阻塞水道。其黄牛不下水浸泡，故黄牛患此石淋症者少矣。

论人之与畜二五俱同，人之精华常有泄失，而尚且有此淋沥涩结之症，况泥牛之为畜，拴系困禁，不能纵唯泄失精华，又致邪火相攻、勉制、煎炼，将精华煎炼而成为砂石之块，塞于水道，故为砂石淋之症也。医者慎之！

形状：小便淋沥、肚腹膨胀。

口色：如常。

治法：用绳将牛缚倒卧地，将牛肾挺出手捏拭之。若硬块塞在光梢，可用芝麻油蘸手，将肾内硬块挤捏出来，其尿即下也。若塞在四五寸之间，挤捏不出来者，可用好锋利披针，将硬处捏定一针剖开，将硬块取出，其尿即下。其尿通利，百无一恙，即放起。以滑石黑丑散灌之，痊愈。

调理：喂养清净之处。

戒忌：雨淋水浸。

滑石散：治牛砂石淋等症。黑白二丑、滑石、车前子、蕇蓄、瞿麦。各件共为细末，每服四两，灯草煎汤，冲和灌之。

五等散：治牛砂石淋取后等症。当归、川芎、升麻、茯苓皮、猪苓、泽泻、车前子、木通、滑石、牵牛、粉草。各件共为细末，每服四两，煎三沸，加童便一盏，食盐一撮，同和灌之，痊愈。

三、注解

1. 更：更加，"并且有"的意思。

2. 滑石散：原刊为"清石散"，后《元亨疗马集·牛驼经》改为"滑石散"。

四、译文

牛出现以下症状：排尿时表现疼痛难忍，摇尾不安，头向前平伸，后肢时刻张开作排尿状，这是牛患了砂石淋病（尿路结石症），在砂石未阻塞尿道结成淋子（结石阻塞）时，可内服利水通淋药剂治疗，如已形成结石阻塞，兽医诊断时可用手指从阴茎前端往后仔细捏摸，捏到有坚硬物阻塞处，用针锋或外科刀做切开手术取出。再内服数剂利水通淋药。服药一直到观察到牛的尿道完全没有硬物阻塞，排尿顺畅，这样才能算彻底治愈牛砂石淋病。

滑石散：滑石（一两五钱），木通（五钱），续随子（二两半），桂心（三两四钱），厚朴（一钱），豆蔻（三钱半），白术（三两），黄芩（三两），黑牵牛（四两）。

以上诸药研细为末，每次服四两药，开水冲调，候温灌服。

五、按语

该病现时又名尿结石症，结石呈粉末状者叫粉淋，呈片状者叫片淋，呈细砂者叫砂淋，结石粒大者叫石淋，总称砂石淋。常见于公牛，多发于尿道"S"状弯曲部。病因可由于长期缺青饲和饮水缺少，饲料中缺少维生素和饮水中含有过量的矿物质（如钙磷等），以及饲料不适当（如经常喂棉子饼）等。病初小便由不通畅而逐渐变为淋滴至不通，排尿时表现疼痛难忍，摇尾不安，后肢时刻张开作排尿状，当尿久不能排出，形成膀胱破裂时，尿毒浸润到血液和各组织时，则发生尿毒症而死亡。早期治疗在砂石未阻塞尿道结成淋子（结石阻塞）时，可内服利水通淋药剂，如已形成淋子，诊断时可用手指从阴茎前端往后仔细捏摸，捏到有坚硬物阻塞处，用针锋或外科刀行切开手术取出。再内服数剂利水通淋药。

第三章　牛患前蹄病

一、原文

歌曰：

水牛前蹄最优煎，此病因伤骨髓间，四蹄虚肿杂移步，
早须医疗莫迟延[1]，松脂[2]急取须烧滴，便令病苦永除瘥，
乳香龙骨同丹[3]信[4]，人发烧灰使得安。

乳香散：治水牛患前蹄方。

乳香（五钱），龙骨（六钱半），黄丹（五钱半），麝香（少许），人发灰（少许），信石（少许）。

以上诸药为末，每服用药，看疮患贴之，大有效。

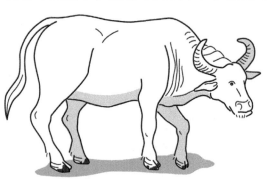

牛患前蹄病图

二、《元亨疗马集·牛驼经》论注

牛患骨漏者，何也？夫骨者，肾之主也。漏者，漏蹄也。心主于血，肺主于气，肝主于筋，肾主于骨。蹄下生疮，乃主于肾，名为骨漏。皆因犁耗负重，劳伤筋骨，或前或后，四蹄生疮，干壳肿硬，此谓肾毒生疮，骨漏之症也。

形状：蹄头生疮，干壳肿硬，腿足难移，肿而无脓也。

口色：鲜明者可治；草饱者可治；青黑者，肾家亏伤难医。

治法：疮口火烧烙铁烙之，以松脂膏搽之。

调理：喂养净处。

戒忌：雨淋水浸。

松脂膏：治牛蹄毒等症。

松香，百草霜，共为细末，用芝麻油四两，放铜锅内火煎。先入人发，再下乳香、黄丹、龙骨，取起令温时，再入康香搅匀，收贮冷定，将牛用绳缚定患处，烧烙铁将疮口烙之，以黄色为度，然后再涂药。

调经败毒散：治牛劳伤肾毒症。川木瓜、金银花、制川乌、粉甘草、五加皮、天花粉、制草乌、夏枯草、骨碎补、全当归。各件共为细末，每服四两，水煎三沸，温加黄酒一斤，童便一大盏，和灌二三服，痊愈。

三、注解

1. "延"，原刊作"疑"，改正。
2. 松脂：即松香。

3．丹：黄丹，中药名，处方用名为"铅丹、黄丹、广丹、东丹"，别名"铅丹、陶丹、铅黄、黄丹、红丹、丹粉、国丹、朱粉、松丹、东丹、朱丹、章丹、桃丹粉"等。本品为纯铅加工而成的四氧化三铅。是用铅、硫黄、硝石等合炼而成的。外用：拔毒生肌，杀虫止痒；内服：坠痰镇惊，攻毒截疟。本品有毒，不可持续服用，以防蓄积中毒。

4．信：信石，中药名，用天然的砷华矿石，但也有用毒砂（硫砷铁矿）或雄黄加工制成的。功能：蚀疮去腐，平喘化痰，截疟。用于寒喘，疟疾；外用治淋巴结结核，骨、关节结核，结核性瘘管，牙疳，痔疮。本品剧毒！口服外用均可引起中毒，因此必须严格注意。

四、译文

牛的前蹄最容易遭伤损或受湿邪伤蹄而多发蹄叉腐烂疾病，此种疾病因为损伤到了骨髓，因此牛会出现四肢浮肿，行动困难，难以移步的症状。牛出现此种疾病就应该及早治疗，不能延误。用乳香、龙骨、人发烧灰等药混合涂抹患处，并用松香烧熔滴入腐烂部填充封口，就可以使病患永久除去而得安康。

乳香散：乳香（五钱），龙骨（六钱半），黄丹（五钱半），麝香（少许），人发灰（少许），信石（少许）。

以上诸药研细为末，每服用药，在疮疡溃烂地方贴敷，有很好的治疗效果。

五、按语

役牛在陆地或水田劳役，其行走使役均以前蹄为大，故易遭伤损或受湿伤蹄而多发偏蹄或叫蹄叉腐烂，可用乳香散敷治，先除去腐烂的角质，排出其腐败分泌物，用消毒药液清洗干净，再将乳香散贴敷患部，外用松香烧熔滴入患部填充，使药不落下，也可加以棕片包扎。方中：乳香活血止痛，龙骨敛疮生肌，黄丹（即铅丹）止痛生肌，麝香消肿去秽，人发灰（即血余炭）消瘀止血，信石蚀疮腐肉。

第四章　牛患破伤风病

一、原文

歌曰：

四肢如橡拳似弓，两眼白膜睛蔽蒙，微微似喘口难张，
此症端是破伤风，风门伏兔[1]须当烙，六窍出血急须忙，
静处暖时高士[2]认，时时灌吃药加功。

天麻散：治牛患破伤风方。

牛患破伤风病图

天麻（一两），
麻黄（一两），川芎
（一两），知母（九钱
半），全蝎（一两），乌
蛇（一两），半夏（一
两），朱砂（少许）。
以上诸药为末，每服一
两，用好酒二升，同
煎，候冷灌之即愈。

二、《元亨疗马集·牛驼经》论注

夫破伤风者，何也？破皮而受风伤也。风入皮肤，其破皮即瘂，四肢强硬，脊背如椽，此谓破皮入风，为破伤风之症也。有伤则无方治之。又有无伤，而受贼风者，此症相同，皆因出力归来，阴受贼风，其症方见马经，治法相同，采而用之，救之大效。

师皇曰："凡风症，口松涎少，脊背稍软者，火烙风门、伏兔、百会等穴，追风散灌之。口紧涎多，脊背强硬，无则无方治之。又有湿气生风，如马之揭鞍风之类，火针风门、伏兔、百会等穴，追风活血饮灌之，方见马经篇内。"

三、注解

1. 风门伏兔：指风门穴和伏兔穴。
2. 高士：即对兽医人员的替称。

四、译文

牛出现四肢僵硬，角弓反张，局部肌肉强直性痉挛，眼部被白色的膜覆盖不见黑睛，微微喘气，牙关咬紧，难以撬开，出现此症状是牛患了破伤风病，出现此病治疗时应该烧烙风门穴、伏兔穴以治疗之。同时要加强护理，将病牛拴于安静而温暖的地方调理，需找来专业的兽医观察治疗，随时根据病情灌服药物，才会取得好的治疗效果。治疗一般用天麻散。

天麻散：天麻（一两），麻黄（一两），川芎（一两），知

母（九钱半），全蝎（一两），乌蛇（一两），半夏（一两），朱砂（少许）。

以上诸药研细为末，每一两药，加好酒二升，共同煎，候温灌服，就会痊愈。

五、按语

破伤风又名强直症，是由破伤风梭菌产生的毒素侵害运动神经末梢引起的一种创伤性急性中毒性传染病，以全身或局部肌肉强直性痉挛性收缩为特征。几百年前，虽然尚不可知有破伤风菌，但已知该病是由破伤风所引起。在治法中是以解痉镇静为上，以症治疗，先行外用烙灸风门穴、伏兔穴，对病初及中期宜灌服天麻散。同时要加强护理，将病牛拴于安静而温暖的地方调理。本方经各地长期实践（多取本方为基本方而加减应用）一致认为疗效尚称满意。

第五章　水牛患心风狂病

一、原文

歌曰：

水牛心风走似獐，作声心热宛[1]如汤，此病从来心脏起，

吃土损肝眼赤黄，黄连贝母并梔子，茯苓藁本与蒲黄，

八味煎[2]来同灌喀[3]，便是王良[4]圣手方。

镇心散：治牛患心风狂方。

茯苓（二两半[5]）、远志（二两一分）、黄芩（二两四钱）、

知母（二两半）、贝母（二两一钱）、梔子（二两二钱）、藁本（二两四钱）、蒲黄（四钱）。

以上诸药为末，每服二两，蜜三两，朴硝四两，水二升，同煎灌之，立见效。

水牛患心风狂病图

二、《元亨疗马集·牛驼经》论注

三、注解

1．"宛"原刊作"似"，改正。

2．"煎"原刊作"将"，改正。

3．啗：音淡（dan），同啖。吃食的意思。

4．琅：即伯乐，字子良，春秋时著名的善御（驾驶马车）者。

5．"二两半"，原刊作"二钱半"，改正。

四、译文

水牛得了心风狂症就会呈现神昏狂躁，像獐子一样眼急惊惶，乱走不停，吼叫不已，这些症状都是心中有热所造成的，此病的病根来源于心脏，若病不治疗火邪传至肝经则牛会表现出喜吃泥土，眼睛出现黄赤色等症状，治疗此病用：茯苓、远志、黄芩、知母、贝母、桅子、藁本、蒲黄八味药共同煎汤灌服治疗。

镇心散：茯苓（二两半）、远志（二两一分）、黄芩（二两四钱）、知母（二两半）、贝母（二两一钱）、桅子（二两二钱）、藁本（二两四钱）、蒲黄（四钱）。

以上诸药研细为末，每二两药，加蜂蜜三两，朴硝四两，水二升，共同煎汤灌服，就会立刻取得疗效。

五、按语

该病以水牛发生为多，因心胸积热。热极生风，致使痰迷心窍，病牛呈现神昏狂躁，乱走不停，眼急惊惶，吼叫不已等急性风狂（兴奋型）症状；若病传至肝经，则牛喜吃泥土，眼现黄赤色。治宜投服清热镇静药剂。方用远志镇心安神化痰，茯苓安神宁心消痰为主；黄芩、栀子、蒲黄泻热凉血而祛风为辅；二母滋阴降火，朴硝泻实热，藁本消风解表为佐；蜂蜜和调诸药，泻热补中为使。

第六章　牛患脾痢病

一、原文

歌曰：

冷气攻脾胃，时时疾后攻，毛焦口鼻冷，起卧脚稍空，
伛腰频挽拳[1]，朝后颤惊冲，通脾和治胃，灵方散更功。

通灵散：治牛脾痢病方。

细辛（二两）、官桂（一两一钱）、茵陈（一两一分）、青皮（一两）、陈皮（一两）、桂心（一两）、苍术（一两一钱）、芍药（一两八分）、藁本（一两）、茴香（一两一分）。

牛患脾痢病图

以上诸药为末，每服一两，用好酒一升，葱白汤同煎调，灌之立效。

二、《元亨疗马集·牛驼经》论注

牛患脾痢者，何也？夫脾者，乃中州也。为一身之主宰，一身之司命，如人有厨灶之锅也。即如人食，定人锅煮熟而食，脾之司命。亦如人之有锅，故脾呼作磨也。日用饮食，如人于锅不煮而焉能化矣。牛食水草不磨，而焉能消化。如锅如磨者，在于一身，昼夜时刻而不能停也。停则不能运化也，不能化而焉能食也。何以而致有痢焉？夫脾者，如锅如磨，宜暖而不宜寒也。有火则能熟化，无火则停而不动也。一身之中，火从何来？殊不知心为君火，肾为相火，脾为中州，二火相煎，水火既济，熟化饮食，随食随饥，如锅磨更快，其为司命，一身之性命更有甚焉者矣。但患脾痢者，兽之身体必然衰弱，身体衰弱，二火俱衰，稍受寒湿，灶必无焰，锅何能熟化？不能熟化者，则清浊不能分利也。清浊不分，故而成为脾痢之患，此谓胃寒脾痢之症也。

形状：弓腰吊欺，腹鸣如雷，泻痢脓浆，毛焦身颤。

口色：仰陷青白，两窍红黄者，生；青黑者，死。

治法：火针脾俞穴、百会穴；生针三焦血；有肤者，彻鹘脉血。

通灵散：治牛脾痢等症。官桂、茵陈、青皮、厚朴、细辛、苍术、白芍、陈皮、桂心、小茴。共为细末，每服四两，生姜、红枣、黄酒为引，加童便一大盏调灌。如不进食，加建中汤，再

灌二三服，方见马经篇内。

三、注解

1. 挽拳：抬腿弯曲。

四、译文

牛患脾痢病是因为寒冷的邪气攻击脾胃所引起，牛出现里急后重、时作排粪状而出粪不多。毛焦、口鼻冷，腹痛频发，出现起卧不宁，后蹄踩不实等症状，腹部急迫疼痛而拱腰，并且腿频频向腹部弯曲，有时出现回头顾腹和四肢肌肉颤抖情况，治疗此病药调理脾胃，用通灵散治疗有较好的疗效。

通灵散：细辛（二两）、官桂（一两一钱）、茵陈（一两一分）、青皮（一两）、陈皮（一两）、桂心（一两）、苍术（一两一钱）、芍药（一两八分）、藁本（一两）、茴香（一两一分）。

以上诸药研细为末，每一两药，用好酒一升，葱白共同煎汤，灌服就会立刻取得疗效。

五、按语

痢和泻，都是胃肠疾病；但痢有里急后重，病牛因腹部急迫疼痛而拱腰（伛腰）和时作排粪状而出粪不多。一般痢疾常有发热症状，但脾痢因系寒伤脾胃引起，却无发热症状，而是毛焦、口鼻冷，腹痛频发，出现起卧症状，有时出现回头顾腹和四肢肌肉颤抖情况，排出的粪中夹杂有脓状物。藁本原为祛头颈风寒、风湿药，此处用它来解除痢症初期的表寒头重（头低下及触墙）症状。方中茵陈除去舌苔黄腻，细辛止腹痛，官桂、桂心、茴香暖胃散寒、醒脾助食，青皮、陈皮、苍术平肝理气、燥湿健脾，以酒散寒暖胃为引。所用各药都是针对脾痢的特征。因其效果良好，故名通灵散。

第七章 牛患肺热病

一、原文

歌曰：

水牛病热不寻常，肺热传脾母受殃，子病热时攻注破，
有似虫蚀号疮疮，甩火烧烙兼鬲[1]烙，贴疮灌药肺毒伤，
此病急痛须见瘥，莫教掀鼻[2]疾更张。

麝香散：治牛患肺热方。

麝香（少许），黄丹（七钱），没药（三钱），蜈蚣（三钱），信石（少许火锻），枯矾（六钱）。

以上诸药为末，细研麝香、信石、黄丹三味，同熬涂之即愈。

牛患肺热病图

二、《元亨疗马集·牛驼经》论注

夫肺经寒热者，何也？肺与皮毛相合，肺为五脏华益，但有寒热，先传肺经。肺经受寒者，口色青白，毛色焦枯，鼻流清涕，肺经受热者，口色赤紫，气促喘粗，鼻流浓涕。见其外，而知其内也。凡为医者，务必分清脏腑，认定寒热，施针用药，应手而痊矣。

形状：气促喘粗，鼻流浓涕者，乃肺热也。毛焦咳嗽，鼻流清涕者，乃肺寒也。

口色：仰陷赤紫者热；仰陷青白者寒。

治法：热者彻大血，三焦、四蹄血；寒者，火针百会穴；无膘者，生针禁止；如晚嗽者，彻三焦血。

调理：寒则喂养暖处；热则拴系清凉之处，水浸青草喂之。

戒忌：日晒雨淋，下水浸泡。

清金理肺散：治牛肺热喘粗等症。

桑白皮、马兜铃、大黄、黄芩、栀子、连翘、桔梗、陈皮、杏仁、贝母、花粉、木通、粉草。共为细末，白蜜四两，童便一大盏为引。如口色赤紫，火气不退，本方加芒硝。

消风散：治牛肺寒咳嗽等症。

杏仁、当归、陈皮、半夏、麻黄、白芷、羌活、防风、荆芥、薄荷、紫苏、桔梗、甘草。各件共为细末，每服四两，连须葱五至七枚，水煎三沸，温加黄酒一斤，调灌二三服，痊愈。

乌金膏：治牛前腿膝盖，后腿鹅鼻骨，即万筋包上，破皮不能收口，名前膝后崩并漏蹄等症。

用苏蜡烛油锅内熬化，加百草霜，要现铲下研细，入蜡内搅匀，乘热涂之，即愈。

三、注解

1. 蘬：音葛（ge），以糖加热的意思，又蘬与蜡字同，即蜂蜡，有拨毒去脓、止痛生肌、收敛疮口的功效。

2. 掀鼻：掀，音先（xian），掀鼻即鼻翼张开呼吸之状。

四、译文

水牛得了肺热病是一个非常严重的病，此病肺部邪热会传变到脾脏而造成脾脏病变（子病殃母），肺积热毒，外注于皮毛而生疮，病牛毛脱皮粗，浑身生满小疙瘩似疥疮，搔痒难忍，紧靠硬物揩擦，出现皮破血淋，结痂壳后复被揩擦而掉落。症状和皮肤寄生虫造成疮疡相似。治疗该病，可烧烙患部或用布包砂糖加热擦烙，或以蜂蜡加热推擦。用药贴敷疮面，并口服治疗肺部邪热毒邪的中药，病牛经过治疗后，患部表现疼痛，这是病势好转的趋势；若病牛出现鼻翼张开呼吸则为病势恶化。

麝香散：麝香（少许），黄丹（七钱），没药（三钱），蜈蚣（三钱），信石（少许火锻），枯矾（六钱）。

以上诸药研细为末，制成膏状，涂抹于患处之即愈。

五、按语

该病系肺积热毒，外注于皮毛而生疮的症候。病牛毛脱皮粗，浑身生满小疙瘩似疥疮，搔痒难忍，紧靠硬物揩擦，出现皮破血淋，结痂壳后复被揩擦而掉落，影响食欲不旺盛。治疗该病，首先不能封闭肺毒外泄之门，可外用烙灸患部（或用布包砂糖加热擦烙，或以蜂蜡加热推擦）。而用麝香散涂搽时，不能一次在全部疮面上使用，须将患部划分几个区域，然后分区治之。否则肺毒不能外泄，则会内窜伤损其它脏腑，使病势恶化。病牛经过治疗后，患部表现疼痛，这是病势好转的趋势；若病牛出现鼻翼张开呼吸则为病势恶化，本方以麝香辛香之力活血消肿、辟秽化浊，黄丹敛口生肌，没药活血止痛、和营舒筋，蜈蚣散结解毒、去恶血，信石去腐杀虫，枯矾清肃秽浊、杀虫解毒。严重病例，除用麝香散外涂，还须结合内服瓜蒌散（方见肺热喘息病）。

第八章　牛患肺扫病[1]

一、原文

歌曰：

水牛肺扫心脏热，涎出长流不暂歇，此病不医多日后，
渐瘦毛焦皮肉结，大黄甘草并桔梗，黄芩贝母生姜列，
紫苏白术合为末，便是功医仙经说。

治肺散：治牛患肺扫方。

紫苏（二两），知母（二两一分），紫苑（二两三钱），
大黄、甘草（各一两半），黄芩（三两三钱），桔梗（三两四
钱），贝母（三两三钱），白矾（三两一钱），白术（二两
四钱）。

以上诸药为末，每服二两，生姜五钱，蜜二两，水二升，同
煎灌之，立见效。

牛患肺扫病图

二、注解

肺扫病：为心热亏损肺阴的一种病症。

三、译文

水牛患了肺扫病由于心中有热亏损肺阴所致（火盛烁金），会出现流涎不止，呼吸不畅，得了此病若不治疗，时间长了，牛就会出现形体消瘦，被毛焦枯，皮肉紧贴骨骼，咳嗽声低，有时呈虚喘等症状。治疗此病用大黄、甘草、桔梗、黄芩、贝母、生姜、紫菀、白术等药研细为末灌服，这便是仙经所说的有疗效的

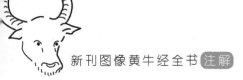

方子。

治肺散：紫苏（二两），知母（二两一分），紫菀（二两三钱），大黄、甘草（各一两半），黄芩（三两三钱），桔梗（三两四钱），贝母（三两三钱）白矾（三两一钱），白术（二两四钱）。

以上诸药研细为末，每二两药，加生姜五钱，蜂蜜二两，水二升，共同煎煮灌服就会立刻取得疗效。

四、按语

肺扫病多为心热亏损肺阴的一种病症。初期特征是流涎不止，呼吸不畅，继而形体消瘦，被毛焦枯，皮肉紧贴骨骼，咳嗽声低，有时呈虚喘。该病所用的治肺散：以知母、贝母、紫菀、桔梗、蜂蜜清肺降逆、滋阴润燥为主；紫苏理气宽中，甘草益气缓急为辅；配加大黄泻实热，黄芩泻肺热，白矾清热解毒佐助，生姜辛散而调和诸药。

第九章　牛患脾病

一、原文

歌曰：

水牛脾病甚堪医，口黄黑色似青泥，四脚不收尿又屎，

急忙医疗请须知，厚朴白术并牛膝，麻黄苍术恰相宜，

藁本当归都作末，酒煎连灌便痊愈。

白术散：治牛患脾病方。

白术（二两半）、苍术（四两半）、紫苑（三两三分）、牛膝（二两）、麻黄（三两）、厚朴（三两）、当归（三两半）、藁本（三两三钱）。

以上诸药为末，每服二两，用酒二升，煎沸温服，灌之见效。

牛患脾病图

二、译文

水牛患脾病是比较难治的病，口色呈淤泥样的青黄色，四肢撇开不收紧，时常又拉又尿，得了此病要马上治疗，用厚朴、白术、牛膝，麻黄、苍术、藁本、当归等药研细为末，用酒煎煮，连续灌服便会痊愈。

白术散：白术（二两半）、苍术（四两半）、紫菀（三两三分）、牛膝（二两）、麻黄（三两）、厚朴（三两）、当归（三两半）、藁本（三两三钱）。

以上诸药研细为末，每二两药，用酒二升，煎沸温服，灌之见效。

三、按语

我国水牛的口色多为青灰色，在脾胃有热时，也不易见到黄苔；脾胃有寒时，也不易见到白苔。要区别其是寒是热，只能从下颚门齿后的舌龈黏膜的色泽来判断。在此处健牛只是粉红色。水牛患脾胃病高热，病虽沉重，但不难医。据歌中所描述症状，病牛水草少进、口色青黄、腹痛、高热、水泻。应以白术散治之，重点放在散寒燥湿，所用的紫菀在此作为渗湿利水（不作镇咳祛痰）。并用二术健脾燥湿，以当归、藁本、牛膝、麻黄等活血，散寒，止痛。故适用于风寒外感，寒邪在表，高热，食欲不振，轻微腹泻的病例。

第十章　牛患肺病把膊

一、原文

歌曰：

肺家把膊最难医，病状深沉注脚蹄，膊灾干瘦日日添，
硬地难行跪膊移，黄芩白芷胡粉[1]好，细辛川芎要芜黄，
苍术半夏并贝母，三服之内便痊愈[2]。

牛患肺病把膊图

半夏散：治牛患肺痛方。

半夏（一两），知母（一两），贝母（一两三分），苍术（一两五钱），白芷（一两四钱），芜荑（一两），细辛（一两五钱），胡粉（一两），川芎（一两一钱），黄芩（一两炒）。

以上诸药为末，每服一两，好酒一升，生姜半两，同调灌之，立见效。

二、注解

1. 胡粉：即铅粉，又名白粉。
2. "痊愈"，原刊作"痊移"，改正。

三、译文

牛患了肺病把膊是非常难以治疗的，牛就会出现胸膊疼痛，四蹄沉重，束步难行。病情加重后，形体日渐消瘦，日益站立不稳，最后卧地不起，强迫行走则见前肢跪地移步。治疗此病用黄芩、白芷、胡粉、细辛、川芎、赤芍、芜荑、苍术、半夏和贝母等药，连续服用三副药后便会痊愈。

半夏散：半夏（一两），知母（一两），贝母（一两三分），苍术（一两五钱），白芷（一两四钱），芜荑（一两），细辛（一两五钱），胡粉（一两），川芎（一两一钱），黄芩（一两炒）。

以上诸药研细为末，每一两药，加酒一升，生姜半两，一同调和后灌服，就会立刻取得疗效。

四、按语

该病多因负力过重而急奔，或跌扑撞压，致使气滞血瘀于胸膊而发生疼痛，治疗是较难的。病初胸膊疼痛，气促喘微，有时短声咳嗽，束步难行。病情加重后，日益站立不稳，形体消瘦，最后卧地不起，强迫行走则见前肢跪地移步。半夏散治该病，用半夏化痰止咳、去胸痹疼痛，川芎活血行气而止痛，二母润肺止咳、滋阴散结，细辛化痰止痛、辛温发汗为主；白芷、苍术通经利窍、生肌行血，铅粉消胀止痛，黄芩泻肺实、治肺萎为辅；配以芜荑辛温之品，使气血调和，安养肢节；酒、姜辛散活血、引诸药入经。

第十一章 牛患浑身出血

一、原文

歌曰：

浑身出血病根源，水草如常水行般，血出眼子[1]小堪治，
眼子大后治他难，甘草白矾寒水石，郁金大黄川黄连，
米泔调和六味下，口中灌入病须安。

郁金散：治牛患浑身出血方。

郁金（一两）、甘草
（一两）、寒水石（一两一
钱）、大黄（一两四钱）、
白矾（一两一钱）、黄连
（一两一钱）。

牛患浑身出血图

以上诸药为末，每服
五钱，用米泔水半升，同
调，口内灌之。

二、《元亨疗马集·牛驼经》论注

牛浑身出血汗者，何也？胆胀之症也。胆者，乃清净之腑，何以而致有胀也？皆因牛之蓄养太盛，膘肥肉重，使之出力太猛。肝主子筋，出力伤肝，肝与胆相连，胆有惊恐，又兼卸索摸扼之时，即拴系酷热之处，失于牵行，以致血气不行，攻注于胆腑，胆受亏伤，心胸闷乱，心闷急而出血汗也。出血汗者，出力之至矣。令兽气促喘粗，弓腰腹满，浑身汗流若血，此谓出力伤肝胆胀血汗之症也。

形状：弓腰气促，血汗流珠，眼急惊狂。

口色：鲜明如桃色者生，赤紫者险，紫黑者死。

治法：彻喉脉血，即大血。在颊喉下二指是血。亦如马之彻血也。再将舌底下紫筋上用生针彻血，新汲水洗之。次与三焦、四蹄俱各彻血，内灌镇心散。

调理：喂养清凉之处，水浸青草喂之。

戒忌：日晒雨淋，下水浸泡。

朱砂镇心散：治牛血汗等症。

茯神、远志、朱砂、郁金、桅子、连翘、兜铃、麦冬、花粉、粉草、当归、生地、元参。各件共为细末，每服四两，灯草、竹叶煎汤冲和，加白蜜四两，童便两大盏调灌。如白色赤紫，加大川连。如喘不止，加锦纹大黄、天门冬，再灌一二服，痊愈。

调经活血当归散：治牛血汗胆胀等症。

当归、川芎、生地、赤芍、甘草、花粉、荆芥、薄荷、紫苏、木通、贝母、杏仁、桔梗、陈皮、白芷、半夏。各件共为细末，每服四两，煎三沸，候温加白蜜二两，童便一大盏和灌之。立愈。

三、注解

1. 眼子：指毛孔眼子。

四、译文

牛如果患浑身出血症，此病的病因在内部，初期病牛还能够吃些水草，皮肤绷紧发热，皮下溢血由毛孔渗出体外，毛孔渗血较少的时候可以进行治疗，如果出血量大到浑身出血此病就会难以治疗。治疗此病用甘草、白矾、寒水石、郁金、大黄、川黄连，用米泔水以上六味要药调和后灌服此病就会得到治愈。

郁金散：郁金（一两）、甘草（一两）、寒水石（一两一钱）、大黄（一两四钱）、白矾（一两一钱）、黄连（一两一钱）。

以上诸药研细为末，每五钱药，用米泔水半升，共同调和，灌服。

五、按语

浑身出血症，江西民间又称血皮胀，多发于水牛。因牛在夏季烈日下暴晒或剧烈劳役，外热侵入体内，致使体内血热妄行，溢于皮下而不回归血脉、反从皮毛孔内渗出于外。初期病牛还能够吃些水草，皮肤绷紧发热，呼吸快速。随后呼吸喘急，四肢木

硬，张开站立，腹部胀满；皮下溢血由毛孔渗出体外，毛孔渗血由少到多转为浑身出血，最后倒地死亡。故应强调急救，及时施治。方中以郁金凉血降气，火气降使血不妄行而止，配黄连苦寒泻心火，火退则血自宁；加大黄苦降破瘀，导热下行而止血。而寒水石泻火利水去皮中火热，白矾去热解毒均已佐之，甘草则调和各药、理气解毒。

第十二章　牛患热瘟疫病[1]

一、原文

歌曰：

牛患瘟疫五六间[2]，毛焦腹胀脚颠狂，早觉之时能治疗，若还不治必遭殃，白矾甘草能治热，知母黄芩也相当，防风桔梗人参散，一灌之时立见痊。

人参散：治牛患热瘟疫方。

芍药、人参、黄芩、贝母、知母、防风、白矾、黄连、郁金、黄芪、桔梗、瓜蒌、大黄、山桅子。以上诸药为末，每服二两，砂糖一两，生姜水二升，灌之效。

牛患热瘟疫病图

二、注解

1. 热瘟疫：原刊漏"热"字，改正。
2. 六间：指五六月间。

三、译文

在农历五六月间，牛群流行的一种热性瘟疫病，病牛呈现被毛焦枯、肚腹胀满、四脚颠狂乱走。该病发现的早就能治疗好，如果治疗晚了牛就会死亡。此病宜用白矾、甘草、知母、黄芩等治疗热邪药物组成防风桔梗人参散治疗，灌服后就会取得疗效。

人参散：芍药、人参、黄芩、贝母、知母、防风、白矾、黄连、郁金、黄芪、桔梗、瓜蒌、大黄、山栀子。

以上诸药研细为末，每二两药，加砂糖一两，生姜水二升，灌服后就会取得疗效。

四、按语

在五六月间，牛群流行的一种热性瘟疫病，病牛呈现被毛焦枯，肚腹胀满，四脚颠狂乱走。该病宜早治，晚了就会死亡。

用人参散治疗该病，不完全是用来补养，而是用人参、黄芪补助元气，元气即壮，就能助药力祛疫毒外泄，避免疫毒因气衰而内陷固封为害。方中其他药物是：黄芩泻上焦肺火，黄连泻中焦脾火，大黄泻下焦肠火，栀子泻三焦实火，郁金凉血泻疫毒，白矾解毒除热，防风解毒散表，芍药舒挛止痛，二母、桔梗和瓜蒌润肺滋阴而去热，砂糖化瘀和血，生姜水调解和诸药。

第十三章　牛患脚风病

一、原文

歌曰：

牛伤暑湿病脚风，水草不住又如常，舒着前面一只脚，
行时拖地不移忙，乌蛇干蝎图蝉壳，厚朴当归用麻黄，
防风川芎乌头末，温酒调下使亦安。

追风散：治牛患脚风方。

乌蛇、干蝎、蝉壳、厚朴、当归、麻黄、川芎、乌头、桂心、防风、白附、天门冬。以上诸药为末，每服一两，用好酒二升，放温灌之，立见效。

牛患脚风病图

二、《元亨疗马集·牛驼经》论注

牛患软脚风者，何也？夫软脚者，骨之软弱也。皆因耕牛或耕田耙地，出力归来，或经春雨淋淋，或安眠湿地，或因单铺出早，地面潮湿，牛系其处卧眠，受其寒邪，寒邪浸透皮肤，湿气钻入骨髓。

令兽筋舒骨软，卧而难起，起而不能站立者，此谓外受感寒邪，湿入于筋骨，软脚风之症也。

形状：拳挛卧地，四足软绵，水草如常，扛抬不起。

口色：如桃花色者生，青黑者死。

治法：火针风门穴、伏兔穴、抢风穴、百会穴、大胯穴、小胯穴；生针彻三焦、四蹄血。随针即可起行。如不起行，即用槐针治法，方见前篇。调理[1]：喂养暖处，粮草铺地卧之。

戒忌：雨淋。

调经壮骨追风散：治牛软脚风等症。

五加皮、木香、川木瓜、香附、乌药、木通、桔梗、陈皮、甘草、细辛、川牛膝、杜仲、川乌、草乌、天麻、防风、白芷、麻黄、桂枝。各件共为细末，每服四两，连须葱五、七枝，生姜、黄酒一斤，同调灌之。如痕血牛加：红花、当归、元胡、灵芝。寒气重、口色淡者，加肉桂、附子。

三、注解

1. "调理"，原刊无，增补。

四、译文

牛如果被暑、湿二邪集于四肢所伤便会发生脚风病，病牛饮水、吃草如常，病初多为患肢微微抬起，患肢站立时不能着力，起卧艰难。行走跛拐，强迫行走时，患肢不能移步或强行拖在地上移动，治疗此病用乌蛇、干蝎、蝉壳、厚朴、当归、麻黄、防风、川芎、乌头末等药，用温酒煎煮，候温灌服就会使此病得到治疗。

追风散：乌蛇、干蝎、蝉壳、厚朴、当归、麻黄、川芎、乌头、桂心、防风、白附、天门冬。

以上诸药研细为末，每一两药，加酒二升，煎煮，候温灌服就会使此病得到治疗。

五、按语

该病系暑、湿二邪集于四肢所致的痛风病，一般病牛饮水、吃草如常，其症状主要表现在四肢，病初多为一肢行走跛拐。患肢站立时不能着力，起卧艰难。强迫行走时，患肢不能移步或强行拖移，或颤挛不停。随着病情的发展，一肢痛风症状会转变为二肢，三肢或四肢出现。至此，病牛卧地不起，有的关节肿胀，有的患肢抽搐。治疗方药应以蝉蜕凉血熄风，蛇蝎祛风止痛；当归、川芎补血活血以疏风；麻黄、防风疏散外风，厚朴、桂心、白附温中，逐风寒湿；乌头通行经络直达病所，散风逐寒湿；天冬养阴清肺热，酒引诸药速生效能。

第十四章　牛患肺热喘息病

一、原文

歌曰：

肺家风病见还稀，喘息气粗脚频移，贝母瓜蒌并甘草，
槟榔豆蔻大黄栀，青皮陈皮芭蕉叶，桂心知母并当归，
药末一两用水下，灌了即愈切勿迟。

瓜蒌散：治牛患肺热方。

知母、瓜蒌、贝母、桂心（各一两），槟榔、陈皮、红豆、山栀子、青皮、缩砂、当归。

以上诸药为末，每服一两二钱，蜜二升，同调，灌之立效。

牛患肺热喘息病图

· 122 ·

二、译文

牛如果患肺热喘息病就会出现粪便干燥、小便稀少，呼吸喘急、烦躁不安，四蹄不宁等症状，治疗此病要用贝母、瓜蒌、甘草、槟榔、豆蔻、大黄、山栀子、青皮、陈皮、芭蕉叶，桂心、知母、当归等药，以上中药研细为末，每次服用一两药，用水冲服就会取得较好疗效，不要延误造成疾病耽搁。

瓜蒌散：知母、瓜蒌、贝母、桂心（各一两），槟榔、陈皮、红豆、山栀子、青皮、缩砂、当归。

以上诸药研细为末，服一两二钱药，加蜂蜜二升，混合均匀，灌服会取得较好疗效。

三、按语

该病多在炎热暑季中发生、因牛在此时抢种抢收使役过急，或乘饥采食热草，或在闷热地方关拴过久，都会造成热气壅滞于肺，使肺膨大充血，故病牛呈现鼻干舌燥、呼吸喘急、烦躁不安，四蹄不宁、粪干尿少等症状。本方主治牛肺热气喘，方中瓜蒌、知母、贝母、蜂蜜清肺润燥为主；槟榔、陈皮、青皮、砂仁行气宽胸、破气消胀为辅；栀子、红豆清热解毒、利水通便；桂心、当归温经通络以活血，引主药而降肺气。唯歌中有"芭蕉叶"，而方中未见提及，是否为遗漏之故？

第十五章　牛患蛴螬病

一、原文

歌曰:

牛生蛴螬虫咬来，渐渐廷羸瘦似柴，摇头摆尾并脚软，
蛴虫肚内必成灾，青盐[1]百部金钗草[2]，雷丸鹤虱与生矾，
椿皮[3]麻黄一处灌，三服之后必然安。

青盐散：治牛患蛴螬病方。

青盐（二两），雷丸、铅粉、白矾（二两四钱），百部、皂角、草果金钗草、苦参、天仙子[4]、五味子。以上诸药为末，每服一两，盐二两，水二升，同

牛患蛴螬病图

124

调灌之，立见效。

二、《元亨疗马集·牛驼经》论注

蛲鳌虫者，何也？夫蛲鳌虫，皆因南畜卖往北地，北畜卖往南土，不服水土，不服料谷，久食于肠胃中自生之虫也。叮于肠胃，耗其血脉，令兽日渐衰弱，瘦似豺狼，此谓肠胃不服水土、生虫咬瘦之症也。

形状：精神如旧，瘦似豺狼。

口色：鲜明无恙。治法：用贯仲、柴皂角，同煮料熟，拣去贯仲、皂角，其料喂日久其虫自消。

调理：水浸青草喂之。

戒忌：下水浸泡。

青盐散：治鳌虫叮胃等症。

百部根、青盐、柴皂角、天仙子、明矾、五味子、金钗草、草苦参。共为细末，盐为引。虫从大便出，自然长膘矣。

三、注解

1．青盐：又称戎盐。有益气坚肌骨，去毒蛊功效。

2．金钗草：即菊科千里光，清热解毒，凉血消肿，外用治皮肤痰痒症。又据《本草纲目》为九龙草的别名，能解诸毒，去喉痛，风痹，治跌打损伤。

3．椿皮：即椿树内层白皮。

4．天仙子：即莨菪子。据《国药学大辞典》，即蜣螂之古籍别名，本品又名牛屎虫，推粪虫。味咸性寒，功能解毒消毒。

主治疮疡肿毒。

四、译文

牛体内如果有蛲鳖虫寄生，牛就会出现身体日渐消瘦，身体骨瘦如柴，形体不稳，摇头摆尾，四肢软弱无力，出现这些症状必然是在肚内存在大量蛲鳖虫所致，治疗此病用青盐、百部、金钗草、雷丸、鹤虱、生矾、椿皮、麻黄等药研细混合均匀灌服，服用三副药后必然会使身体康复。

青盐散：青盐（二两），雷丸、铅粉、白矾（二两四钱），百部、皂角、草果、金钗草、苦参、天仙子、五味子。

以上诸药研细为末，每一两药，加盐二两，水二升，混合均匀灌服，就会取得较好疗效。

五、按语

该病系一种牛体内寄生虫病（似指一些在分类上属于前后盘科的吸虫，又叫胃吸虫），多寄生于牛瘤胃而引起疾病。其成虫在瘤胃寄生时很少发病，但移行的幼小吸虫大量寄生于皱胃、小肠和胆管时，则可发病。主要见到顽固性下痢，粪便腥臭，食欲减退，皮焦毛枯，形体消瘦，眼结膜苍白色，下颌及身体下垂部水肿，常造成死亡。治疗该病的青盐散，用青盐益肌骨、去蛊毒；雷丸、鹤虱、百部、苦参、铅粉、皂角杀虫破积，消食去胀；金钗草、白矾解毒；草果破滞行气，健脾开胃；蜣螂破症结，治腹胀；五味子益气生津、补虚滋阴。

第十六章　牛患肺败病

一、原文

歌曰：

牛脚双弯肺败伤，鼻中有脓巨莫慌，知母贝母山栀子，
瓜蒌荆芥秦艽方，白矾百合添香草，一处将来细捣将，
荞麦杏仁调水下，连灌三服自然安。

牛患肺败病图

杏仁散：治牛患肺败方。

杏仁、百合、瓜蒌、知母、白矾、贝母、秦艽、山栀子、荆芥[1]、香草[2]、荞麦。

以上诸药为末，每服二两，蜜糖三两，水一升，一日灌二服，便安。

二、《元亨疗马集·牛驼经》论注

夫肺败者，肺经伤损也。肺为气海，皆因蓄养失调，不时使用，犁耙负重，肚中饥渴出力太过，则脾胃空虚，脾土衰弱；不能生抚肺金，气败力危，气海受伤之极矣。令兽鼻流浓涕、咳嗽连连，水草迟细，此谓出力过度，肺败之症也。

形状：鼻流浓涕，耳搭头低。

口色：鲜明者生，红黄者可治，昏糊者难医。

治法：火针抢风穴、冲天穴；生针三焦、四蹄血。

调理：喂养清净之处。

戒忌：雨淋冰浸。

百合固金汤：治牛肺败等症。

百合、杏仁、知母、贝母、秦艽、香附、白芨、粉草、桔梗、紫苏、阿胶、瓜蒌仁。各件共为细末，便一大盏为引。如不进食，再灌健脾开胃之剂，白蔹、陈皮、白蜜四两，童便，三服痊愈。

三、注解

1. 荆芥：另据古农书《增补万宝全书》治该病方载为金银花，二者可以通用。

2. 香草：即菊科佩兰的别名，功能解暑化湿、去臭化浊。又据《增补万宝全书》同方载为香薷（唇形科，功能发汗解暑利湿），二者可以通用。

四、译文

牛得了肺败病就会出现形体日益消瘦，双脚弯曲，鼻中流出臭秽脓涕，喘咳气逆等症状，出现这种情况不要惊慌，用知母、贝母、山栀子、瓜蒌、荆芥、秦艽、白矾、百合、添香草、荞麦、杏仁等药，混合均匀研细为末，用水调和均匀，连续灌服三次，此病就会得到治愈。

杏仁散：杏仁、百合、瓜蒌、知母、白矾、贝母、秦艽、山栀子、荆芥、香草、荞麦。

以上诸药研细为末，每二两药，加蜜糖三两，水一升，一日灌服两副药，便会取得较好疗效。

五、按语

该病相当于牛的化脓坏死性肺炎（肺坏疽），多因长期伤力过度，使肺气受亏，又未能及时补救，延迟日久，内伤日重，肺脏不能恢复其气化机能。因而，外不能促进津液输送滋润皮毛，内不能促进输送精气濡养五脏，使肺无力生新排浊。浊秽郁结，日久使之发生溃烂，鼻中流出臭秽脓涕，喘咳气逆，形体日益消瘦。用杏仁散治疗，是以理肺清浊，滋明补虚为治则。方中杏仁、百合、瓜蒌、二母、蜂蜜润肺降气、养阴生津，祛浊痰之胶结；白矾解毒清肺，秦艽通络活血、清热止痛，栀子清热泻肺、凉血解毒，荆芥泄肺散表，佩兰芳香化浊，祛腐臭恶气，荞麦下气宽脚。

第十七章　牛患胆胀立头肝

一、原文

歌曰：

牛患胆胀立头肝，哽[1]气毛焦水下沿[2]、药用郁金黄药子，甘草黄连用白矾，黄柏黄芩牛蒡子，蛇床狗脊水银添，朱砂龙脑牛黄妙，麝香浆水永除殃。

郁金散：治牛胆胀立头肝方。

郁金、甘草、黄连、白矾、黄柏、黄芩、蛇床、黄药子、狗脊、水银、朱砂、牛黄、龙脑、麝香、木香、牛蒡子。以上诸药为末，每服二两，浆水一升，同调，日进二服。

牛患胆胀立头肝图

二、注解

1．哽：音梗（geng）。声音结寒的意思。
2．沿：音掩（yan）。徐缓流下的意思。

三、译文

牛患胆胀立头肝病，就会出现呼吸迫促，喘气，呆立不动，四肢张开站，头颈硬直，口鼻流涎等症状，治疗此病用郁金、黄药子、甘草、黄连、白矾、黄柏、黄芩、牛蒡子、蛇床、狗脊、水银、朱砂、龙脑、牛黄、麝香等药，用面汤混合均匀后灌服就会消除此病。

郁金散：郁金、甘草、黄连、白矾、黄柏、黄芩、蛇床、黄药子、狗脊、水银、朱砂、牛黄、龙脑、麝香、木香、牛蒡子。

以上诸药研细为末，每二两药，用面汤一升，混合均匀后灌服，每日灌服两副药。就会取得较好的疗效。

四、按语

该病系胆经遭受热毒侵袭，致胆管口肿而闭塞，胆液下泄不畅，故形成胆囊肿大的一种急性热病。

胆胀病牛，临床上多出现两种不同类型：（1）四肢不停地急奔狂走，眼珠暴出急转，触人斗畜，撞墙碰壁等症状。（2）呆立不动，四肢张开站，头颈硬直，呼吸迫促，喘气，口鼻流涎症状。这里说的牛胆胀应属于第二种类型。治疗方药取泻肝利胆，清热消瘀为主。以郁金、朱砂、牛黄、水银、麝香、冰

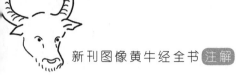

片凉血解热，安神定惊，通关开窍为主；三黄加牛蒡子，黄药子清热降火为辅；白矾、木香、蛇床子、狗脊解毒定喘、疏风去湿、调气治痹而助主药；加之浆水，甘草通关止呕，调和诸药。

第十八章 牛患木舌病

一、原文

歌曰：

木舌塞口似铁条，肚中肌瘦如水漂，黄芩郁金并甘草，
黄连大黄牙芒硝，捣罗一处宜少许，舌塞火烙木贼求，
猪脂朴硝频灌箸，不过十日有功劳。

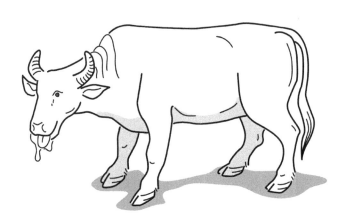

牛患木舌病图

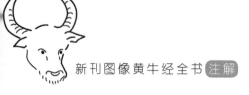

牙硝散：治牛患木舌病方。马牙硝、甘草、黄芩、黄连、郁金、大黄（各三两一钱），朴硝（二两九钱）。

以上诸药为末，每服一两，蜜猪脂四两，调水频灌之，立见效。

二、《元亨疗马集·牛驼经》论注

夫木舌者，舌肿硬如木故也。舌乃心之苗，心经有热，发之于舌。皆因蓄养失调，水草不均，饥渴出力，心火上炎，发肿于舌。令兽舌肿口塞，其硬如木，水草难咽，此谓心火上炎，舌肿塞口，木舌之症也。

形状：舌肿塞口，张口流涎。

口色：仰陷赤紫者，可治；青黑者难医。

治法：火针舌底通关穴，牙硝散灌之。

调理：拴系净处。

戒忌：日晒雨淋、下水浸泡。

牙硝散：治牛木舌等症。

牙硝、大黄、黄芩、黄连、郁金、粉草、木通。共为细末，蜂蜜四两，猪脂四两为引。吹疮口药，方见马经篇内。

三、译文

牛患了木舌病，牛的舌头就会肿胀，麻木不仁，硬如铁条，阻塞口腔，舌头不能伸屈，使牛不能吃草，因而腹中饥饿，精神疲萎，行走摇摆不稳，如水上漂物一样。治疗该病初期可外用针刺舌体发出恶血，并以冷水冲淋，也可用火针点烙舌体然后用木贼草煎水洗牛舌。然后用黄芩、郁金、甘草、黄连、大黄、马牙硝等药，混合均匀后研细慢慢灌服，十日内必然会取得较好的疗效。

牙硝散：马牙硝、甘草、黄芩、黄连、郁金、大黄（各三两一钱），朴硝（二两九钱）。

以上诸药研细为末，每一两药，加蜂蜜猪脂四两，用水调和均匀频频灌服，就会取得较好疗效。

四、按语

木舌症以牛舌肿胀，麻木不仁，舌体不热而与舌黄有所区别。中兽医认为该病系热毒侵蚀舌体或心经热毒上逆于舌，而使毒血凝结在舌体。现代则认为是由于放线菌浸入舌体中所致，由于舌体肿硬而冷，阻塞口中不能伸屈，使牛不能吃草，因而腹中饥饿，精神疲萎，行走摇摆不稳，如水上漂物一样。治疗该病，初期可外用针刺舌体发出恶血，并以冷水冲淋，然后用木贼草煎水洗牛舌。至于舌体肿硬伸出口外的，需用火针点刺或用醋浸白布包住舌体，再行火烙，然后涂撒青黛、冰片散。古代牛书多以牙硝散治疗该病，是取牙硝去五脏积热伏气，朴硝逐六腑热结，黄连泻心火解毒，配大黄泻热行瘀、导热下行，配黄芩泻上焦湿热，郁金入血分、凉血开郁，甘草清热解毒、和药补虚，蜂蜜清热解毒、补虚和中，猪脂滋营解毒散宿血。但本方内服似不如改外用为涂擦舌体，更有一定作用。

第十九章　牛患喉风病

一、原文

歌曰：

结喉之牛人见惊，喘息如同拽锯声，口中长流水草出，
患须开喉便是轻，秋卧喘吼消黄散，知母贝母共黄芩，
甘草荆芥山桅子，三服之内效如神。

消黄散：治牛患喉风病方。

知母、贝母、黄芩、大黄、甘草、荆芥、桅子、瓜篓、川芎、牙硝、白矾、朴硝、蛇蜕。以上诸药为末，每服二两，蜜水二升，同调灌之，立见效。

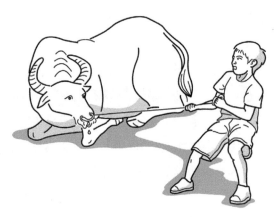

牛患喉风病图

二、《元亨疗马集·牛驼经》论注

夫喉风者，何也？喉中不通也。皆因膘肥肉重，出力太过痰壅气滞，阻塞咽喉，结在气喉管内，以致呼吸难通。令兽喘息雷鸣。口流涎沫，此谓痰壅气急，结喉之症也。

形状：直颈吼喘，口内流涎，乃结喉也。其症可治。若嗓黄，喉下有浮肿也。直颈流涎者，难治。

口色：鲜明者生，红黄者可治，紫黑者死。

治法：彻喉脉血，三焦、四蹄血。

调理：喂养清净之处，水浸青草喂之。

戒忌：日晒雨淋、下水浸泡。

消黄散：治牛结喉等症。知母、贝母、大黄、黄芩、甘草、荆芥、栀子、瓜蒌、川芎、牙硝、蝉蜕、白矾。共为细末，白蜜四两，鸡子清四枚，调和灌之。如口色赤紫，本方加川黄连，同调灌。

三、译文

牛患结喉病就会出现看见人就会惊恐不安，喉部发生肿胀，呼吸困难，出气声如拉锯，口吐白沫，水草不进。治疗可外用开喉术（气管切开）急救，消除呼吸困难，再灌服消黄散以治疗喘证，用药有知母、贝母、黄芩、甘草、荆芥、山栀子等，灌服三次后就会取得较好疗效。

消黄散：知母、贝母、黄芩、大黄、甘草、荆芥、栀子、瓜蒌、川芎、牙硝、白矾、朴硝、蛇蜕。

以上诸药研细为末，每二两药，加蜂蜜和水各二升，混合均匀后灌服，就会取得较好疗效。

四、按语

该病因肺内积热上冲于喉，热极生风，致使喉部气血凝滞而发生肿胀，呼吸困难，气如拉锯。口吐白沫，水草不进，有时肌肤颤抖，最急性的在数小时内发生窒息死亡。治疗可外用开喉术（气管切开）急救，消除呼吸困难，再灌服消黄散以治肺热喉肿。方以知母、贝母、瓜蒌、蜂蜜甘润之品，清肺滋燥为主；黄芩、栀子苦寒泻火，牙硝、朴硝咸寒泻火，白矾清热解毒为辅；并加荆芥、川芎、蛇蜕祛风行气、解毒镇惊以佐之；甘草和中益气、调和各药。

第二十章　牛患跷[1]脚风病

一、原文

歌曰：

跷脚风病身体强，头悬喉喘不如常，水草细喂胀又急，
医人检药用参详，半夏川芎红芍药，白附子与肉桂心，
乌蛇干蝎灌之良。

牛患跷脚风病图

乌蛇散：治牛患跷脚风方。乌蛇、干蝎、川芎、白附子、茴香、当归、牛膝、半夏、芍药（各二两），桂心（二两四钱）。

以上诸药为末，每服一两，酒一升，油一两，同调灌之，立见效。

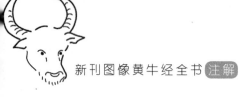

二、《元亨疗马集·牛驼经》论注

牛患脚风者，何也？夫脚风者，筋骨受风湿也。皆因暑月炎天，耕牛蠢畜，喜凉畏热，常浸于泉水深潭，或不见日阳，久阴潮湿之地拴系卧眠，以致阴湿浸入骨髓。令兽或前膊或后胯疼痛难忍，不能行动，此谓暑伤寒湿、脚风之症也。

形状：或四肢拘挛，不肿不浮，或前膊、或后胯疼痛，不能行。

口色：仰陷青白者，难医；红黄者，易治。

治法：火针抢风穴、冲天穴、后大胯穴、小胯穴、百会七穴。

调理：喂养暖处，粮草铺地，听其自卧自起。

戒忌：迎风湿地、雨洗水浸。

追风散：治牛暑湿脚风等症。

天麻、辽细辛、肉桂、草乌、当归、制川乌、川芎、厚朴、麻黄、白附子、防风、桂枝。各件共为细末，每服四两，老生姜五片，水煎三沸，温加黄酒一厅调灌。如筋不伸舒，本方加川木瓜、五加皮、杜仲、牛膝、羌活。再灌一二服，痊愈。

三、注解

1. 跷：音敲（qiao）举足向上的意思。

四、译文

牛患了跷脚风病就会出现全身肌肉僵硬强直，牛的四肢或一肢的筋肉发生强直麻木而失去正常功能；因而病肢蹄部就向前、后方或侧方跳起来，病牛头昂发出喘息声，水草吃得很少，但腹部胀满。兽医治疗此病时用药要详细思考，治疗此病用半夏、川芎、赤芍、白附子、肉桂心，乌蛇、干蝎等药治疗，灌服后效果良好。

乌蛇散：乌蛇、干蝎、川芎、白附子、茴香、当归、牛膝、半夏、芍药（各二两），桂心（二两四钱）。

以上诸药研细为末，每一两药，加酒一升，油一两，共同均匀后灌服，就会立刻取得疗效。

五、按语

该病的发生，多为遭受风寒湿邪所侵袭，使牛的四肢或一肢的筋肉发生强直麻木而失去正常功能，因而病肢蹄部就向前、后方或侧方跳起来，病牛吃水草很少，头昂喉喘，腹部胀满。

治方以蛇、蝎祛风止痛为主；当归、川芎补血活血以疏风，加芍药熄风和里，半夏燥湿祛痰为辅；白附子、茴香、桂心温中逐寒、牛膝活血散瘀，治关节不利，清油润泻胃肠消胀为佐；而酒则引诸药到达病所。

第二十一章 牛患膊肢风病

一、原文

歌曰：

膊肢风病审须详，先须前脚似绳缰，疾发之时行不得，
浑身木硬似柴桩，当归桂心香白芷，川芎半夏使干姜，
白附乌附麻黄散，酒浸同调灌既康。

麻黄散：治牛患膊肢风方。

麻黄、当归、
桂心、川芎、半夏、
干姜、白芷、蜈蚣、
黑附子（酒浸），干
葛、白附子。

以上诸药为末，
每服二两，用酒一
升，同调，待温灌
之，立效。

牛患膊肢风病图

二、《元亨疗马集·牛驼经》论注

夫膊肢风者，何也？膊肢受风湿之伤也。皆因出力归来，喘息未定、血气未和，拴系檐巷之下，或近水塘池边，以致血凝气滞，风邪郁于膊肢，浑身皮紧腿硬。令兽把胯把膊、四肢僵硬，此谓寒湿所伤，膊肢风之症也。

形状：把前把后，四肢僵硬。

口色：鲜明者生，昏糊者难医。

治法：火针百会穴、大胯、小胯穴、曲池穴。生针三焦、四蹄血。

调理：喂养暖处，狼草铺地卧之。

戒忌：雨淋风吹、湿地安眠。

麻黄散：治牛膊肢风等症。

麻黄、当归、桂心、白芷、白附子、乌药、细辛、甘草、小茴香、川芎、半夏、五加皮。各件共为细末，每服四两，水煎三沸，温加黄酒一斤，葱五、七枝，和灌二三服，痊愈。如木硬不痊，本方加：制川乌、制草乌、天麻；如口流痰涎，本方加：胆南星、香附，再灌一二服，痊愈。

三、译文

对牛患了膊肢风病应详细诊断，首先应注意得了此病的牛前腿出现筋肉麻痹，肌肉僵直，患肢移动艰难，不能行走。随病情加重就会出现脊背僵硬，全身肌肉僵硬，运动受限。治疗此病用当归、桂心、白芷、川芎、半夏、干姜、白附子、乌附等药组成

的麻黄散，用酒共同浸泡后灌服就会康复。

麻黄散：麻黄、当归、桂心、川芎、半夏、干姜、白芷、蜈蚣、黑附子（酒浸）、干葛、白附子。

以上诸药研细为末，每二两药，用酒一升，共同煎煮，煎液候温后灌服，就会取得较好疗效。

五、按语

该病系牛前膊部遭受风邪侵袭，致使膊肢部气血凝滞，筋肉麻痹，因而患肢移步艰难。随着风邪的蔓延扩大，更出现脊背僵硬。治疗方以麻黄、白芷、干葛、白附子、蜈蚣祛风解表为主；桂心、干姜、黑附子温中散寒，以通营卫为辅；半夏燥湿化痰，当归、川芎活血疏风佐助主药；酒辛温散寒而引药到达病所。

第二十二章　牛患脱肛病

一、原文

歌曰：

莲花头[1]开应尾本[2]，因事伤重关外[3]冷，忽然肛脱不须忙
缩砂白矾如反掌，五倍蜜陀木鳖子。龙骨相和有神功，
三日之内莫饱暖，便是仙人治脱肛。

白陀散：治牛患脱肛方。

蜜陀僧、白矾（各三两），川椒（二两半），缩砂、五倍子
（各一两半），白龙骨（二两二钱），水鳖子（一两一钱）。

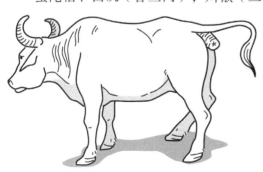

以上诸药为末，每服二两，用温浆水净洗，用纸包之后，送进肛门。

牛患脱肛病图

二、《元亨疗马集·牛驼经》论注

夫脱肛者，何也？肛肠脱出也。皆因喂养失调，饥渴负重，出力太过，久渴失饮，饮之太过，拴系阴湿之地，血气衰弱，内不能运化宿食，又兼外受阴湿，以致内外两感，阴湿凝注于肛肠，令兽便后即脱出肛肠，此谓脏冷脱肛之症也。

形状：弓腰吊欣，肛门脱出。

口色：仰陷青白、两窍昏糊。

治法：火针百会、脾俞等穴。

调理：喂养哮处，粮草铺地卧之，背上毡屉搭之。背暖腰仲，其肛自收矣。

戒忌：休令雨淋水浸，勿拴湿地安眠。

白陀散：治牛脱肛方[4]。

蜜陀僧、白矾、川椒、缩砂、五倍子、木鳖子[5]、白龙骨。上共为细末，其肛头用温水洗净，次将此药末捻上，外用纸托住，送入腹内，次灌快气宽肠、暖后温中药。

快气调中饮：治牛脱肛等症。

香附、乌药、木香、小茴香、厚朴、枳壳、砂仁、白豆蔻、肉蔻、官桂、炮姜、木通、甘草。共为细末，每服四两，姜五片、水煎三沸[6]，温加黄酒一斤、伏龙肝一两调灌，立愈。

三、注解

1. 莲花头：指直肠翻出肛门外部分，呈现圆形、柔软、轻度水肿、色红赤似莲花状。

2. 尾本：指针灸穴位名，中兽医针治脱肛，常取尾本、地户（交巢）、开风三穴。

3. 关外：即肛门外。

4. "白陀散"：治牛脱肛方，原刊无，参照《重编校正元亨疗马牛驼经全集》补列。

5. 木鳖子"，为脱补。

6. "沸"，原刊作"佛"，改正

四、译文

牛患了脱肛病应该针刺尾本来治疗，该病原因是损伤元气，气虚而下陷，失去提升之力，直肠脱出肛门外所形成，如果是牛突然发生脱肛病不要慌忙，用以下药治疗，易如反掌。用缩砂、白矾、五倍子、蜜陀僧、木鳖子等药，再加上龙骨就会有神奇的功效，治疗的三五日内不要使牛吃饱，要少喂。这便是神仙治疗脱肛的方法。

白陀散：蜜陀僧、白矾（各三两），川椒（二两半），缩砂、五倍子（各一两半），白龙骨（二两二钱），水鳖子（一两一钱）。

以上诸药研细为末，每二两药，用温水净洗，用纸包之后，送进肛门。

五、按语

脱肛（直肠脱）的病因有好几种：有因劳役过度，饲养失调，损伤元气，使阳气虚而下陷，失却提升之力；有因负重超

力，大便干结，用力努责而发生脱肛的；有因久泻体虚，肛门失禁而脱出的；有因产后气血两虚而脱出的。但均为中气不足，气虚下陷，使直肠向外努责而翻出。目前中兽医治法，除洗药、敷药、内服补中益气药外，多结合中西注射药剂在地户穴针治，以解除病牛痉挛性努责，有利于手术整复，并保证整复后直肠不再翻脱肛门外。

白陀散是一个收敛性外涂药方。以蜜陀僧（氧化铅，收敛性止血药）与白矾（清凉性收敛消炎药）等相配，以消散肿胀，但不能消除产生脱肛的病因，为了免除直肠再行脱出，歌内指明要减少饲喂和保暖，以减少排粪次数和排粪量，这是很正确的。

第二十三章　牛患转胞

一、原文

歌曰：

转胞之牛谓因何，因伤起立坐卧中，小便不通车前汁，

水草[1]难食伤胃同，高明一见须辨症，妄投药饵岂良工，

芫花细辛并腻粉，滑石散下便能通。

滑石散：治牛患转胞方。

滑石、当归、慈菇、腻粉、木通、芫花、朴硝、没药、细辛、甜芥子。

以上诸药为末，每服二两，水草同煎五五沸，温灌之，立见效。

牛患转胞图

二、《元亨疗马集·牛驼经》论注

夫胞转者，何也？尿胞促而转也。皆因拖犁拽耙出力行走，正欲尿溺，或不知事之牧童，或使牛之蠢夫，或用鞭打其身，或叱呼决走，其尿一忍，其胞促转，尿不对其窍。令兽欲溺不溺，欲尿难下，摇头摆尾，此谓促损胞转之症也。

形状：欲溺不出，摇头摆尾。

口色：鲜艳，仰陷红黄。

治法：后裆胲下，左右用手出力揉捺，左推右托，拨正尿，溺即通淋也。

调理：不时牵行。

戒忌：雨淋水浸。

滑石通淋散：治牛胞转等症。

海金沙、木通、滑石、瞿麦、车前子、牵牛、萹蓄、粉草。各件共为细末，每服四两，灯草煎汤，加童便二大盏调灌，立愈。

三、注解

1．水草：指水生植物如莲、藻、菱、芡、萍等，用于此处，似指浮萍，功能利水通淋。

四、译文

牛患转胞病是什么原因，是因为在起立、下卧和劳作时排尿膀胱受伤，出现小便不通的症状，此病要用车前草汁加水草

（莲、藻、菱、芡、萍）治疗，此病和肠胃损伤症状相似，高明的医生看见此病就会辨证治疗，如果胡乱投药治疗就不是高明的医生。用芫花、细辛、腻粉等药组成的滑石散服下治疗，小便自会能通畅。

滑石散：滑石、当归、慈菇、腻粉、木通、芫花、朴硝、没药、细辛、甜芥子。

以上诸药研细为末，每二两药，加水草（莲、藻、菱、芡、萍等）共同煎煮，候温灌服，就会立刻取得疗效。

五、按语

该病为湿热郁结而发的一种痉挛收缩的急性尿闭症。病牛剧烈腹痛，起卧不安，前肢扒地，蹲腰努责，欲尿不尿，小便闭塞或淋滴而下。治方滑石散一般通用，以泻膀胱湿热为主，通利水道为治则。取滑石、木通泻热利水，芫花行水而止挛痛，没药止痛散滞，朴硝泻实热，并特用甜芥子通窍利气，腻粉利便滑肠，慈菇行血通淋，浮萍利水通淋。

第二十四章　牛患浮凉气病

一、原文

歌曰：

浮凉气怯频卧地，喘息头悬涎流滴，水草不餐兼胀肠，
行如醉狗全无力，当归芍药并白芷，槟榔豆蔻用官桂，
红豆缩砂与甘草，便是从前造父医。

槟榔散：治牛患浮凉气病方。

槟榔、红豆、豆
蔻、芍药、干姜、甘
草、当归、缩砂、青
皮、官桂、白芷、陈
皮。以上诸药为末，
每服一两，枣一枚，
水二升，同煎，放温
灌之，立见效。

牛患浮凉气病图

二、《元亨疗马集·牛驼经》论注

夫浮凉气者，何也？浮者，水之漂浮也。凉者，寒凉也。气者，血气也。皆因畜之出力后，或下水浸泡，或经雨淋，以致有寒凉也。

寒凉则气滞，气滞则血凝。血凝四肢则行如酒醉，血凝于肺则喘，血凝于脾则口角流涎，血凝于肠胃则肚腹胀满。令兽喘息流涎，行如醉狗，四肢无力，此谓漂浮凉水、寒凉气怯之症也。

形状：行如醉狗、喘粗涎滴。

口色：两窍无光，仰陷昏糊。

治法：火针风门、伏兔、抢风、百会、大胯、小胯等穴；生针彻三焦、四蹄血。喘者，彻大血。

调理：喂养暖处。

戒忌：风吹雨淋，下水浸泡。

槟榔行气散：治牛浮凉气等症。

槟榔、红豆、芍药、豆蔻、干姜、粉草、当归、缩砂、青皮、官桂、陈皮、益智仁。各件共为细末，每服四两，生姜五片，葱五枚，水煎三沸，温加黄酒一斤为引，调和灌之。

三、译文

牛如果患浮凉气病就会出现气怯、频繁卧地不愿起身，仰头喘息，口流涎液，不愿意吃草饮水，但出现肠胃发胀的症状，行走时如喝醉的狗软弱无力，摇摇晃晃，治疗用以下药品：当归、芍药、白芷、槟榔、豆蔻、官桂、红豆、缩砂、甘草，这些药便

是从前造父医治此病用的方药。

槟榔散：槟榔、红豆、豆蔻、芍药、干姜、甘草、当归、缩砂、青皮、官桂、白芷、陈皮。

以上诸药研细为末，每一两药，加枣一枚，水二升，共同煎煮，煎液候温灌服，就会立刻取得效果。

四、按语

浮凉气怯病的病因，古人并未详说。但从其病状和治方看，应是一种畏寒怕冷，肺气虚、脾寒吐涎，呼吸浅频无力，其证属脾气虚，寒邪伤脾，使脾气不升，胃气不降，土不能生金而产生气怯病，方中所用的红豆不是相思豆（有毒、外用杀虫、治疥疮），而是赤小豆通称赤豆，用以渗湿利水，本方组成在于下气行水，暖胃健脾，各药用量不应该等分。且每剂用量一两，也嫌分量太轻。

第二十五章　牛患双膊病

一、原文

歌曰：

此牛急症患双膊，肿痛难行不移脚，水草懒餐赖地眠，

急须使用乌鳖壳，附子磁石蜜陀僧，金钗[1]川草能解膊，

酒冲连灌二服后，当下不点[2]便除却。

金钱草[3]四散：治牛患双膊方

牛患双膊病图

蜜陀僧（二两）、附子（三两七钱）、磁石（二两一钱）、金钗（一钱）、草乌（一两一分）、乌鳖壳（一两九钱）、当归（三两）。

以上诸药为末，每服一两五钱，用好酒一升，温服灌效。

二、《元亨疗马集·牛驼经》论注

夫肿膊痛者，何也？肿膊痛者，气血凝滞也。是疮黄则肿在皮肤，有尖有形。若是膊痛，则肿在肌肉之内，或在前膊，或在后胯，其肿痛之患，非疮黄同治。但凡肿痛，或是疮黄，或是气血凝滞，凡治者，分别道路肿处。如石如冰，乃是阴肿也；如汤如火，乃是阳肿也。阴肿以阳药治之，阳肿则以凉药治之。万不可一概治之也。

形状：双膊肿痛，四肢难移。

口色：青白属阴，赤紫属阳。

治法：阳证，生针彻三焦、四蹄血；阴证，火针痛处刺之；膊尖、膊栏、乘蹬、抢风等穴针之。

调理：喂养净处，草料加倍。

定痛活血散：治牛双膊肿痛寒热症。

乳香、没药、当归、川芎、穿山甲、川乌、草乌、粉草、香附、金银花、木香、羌活、红花、薄荷、夏枯草、白芷、陈皮、乌药。各件共为细末，每服四两，黄酒为引。如阴肿，加附子、肉桂、麻黄、桂枝，调和灌之。

三、注解

1. 金钗：即石斛的别名，亦称金钗石斛。

2. 当下不点：患肢在行走时，无点脚跛拐现象。

3. 金钱草：系唇形科的短管活血丹，为解热利尿药，可除骨痛、散风湿、治跌打损伤。

四、译文

牛患了急性双膊痛的病，牛就会出现前膊部发生肿痛，前肢负重艰难不愿移动，行走则前肢移步畏缩，不愿意吃草饮水，喜欢卧地不愿意站立，牛如果患了此病应立即使用以下药治疗，用乌鳖壳、附子、磁石、蜜陀僧、金钗、川草等药，用酒冲服上述药二服后，牛的患肢在行走时，就会无点脚跛拐现象。

金钱草四散：蜜陀僧（二两）、附子（三两七钱）、磁石（二两一钱）、金钗（一钱）、草乌（一两一分）、乌鳖壳（一两九钱）、当归（三两）。

以上诸药研细为末，每一两五钱药，用好酒一升，加温后灌服就可取得疗效。

五、按语

该病多因牛劳役时受重力压迫或跌打损伤，致使气血凝结在前膊部发生肿痛，前肢负重艰难，喜卧不立，强令行走则前肢移步畏缩。治疗方药以金钱草治跌打损伤为主。蜜陀僧镇惊去痛，附子、草乌温阳逐痹，磁石通关节，石斛去痹止痛。乌鳖壳软坚散结，当归行血活血，酒散结而引药入经。以达到行气血、消肿痛目的。

第二十六章　牛患虫子入耳

一、原文

歌曰：

虫子入耳最难医，起卧窜身脑扑地，或是耳中多汁出，

挨墙挨柱触藩篱，不用造父黄雀粪，两刀磨向直东西，

龙脑雄黄生油下，耳虫立出是明医。

黄雀圆：治牛患虫子入耳方

黄雀粪、细辛（各一两一钱）；龙脑、蜈蚣（各一两），白龙骨（一钱），雄黄（一两）。以上诸药为末，冷水丸如鸡头大，淡盐汤灌耳内，每服一两，立见效。

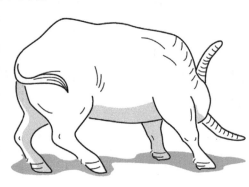

牛患虫子入耳图

二、《元亨疗马集·牛驼经》论注

夫虫子入耳者，何也？乃虫误入于耳孔也。若耳孔中，虫子钻扰，令兽立卧无常，拭身揩脑，挨墙抵壁，打篱触藩，走投无路，此谓虫子入耳之症也。

形状：打篱抵壁，走投无路，摆尾擦耳。

口色：鲜明光润，乃虫子入耳也。如脑黄头风，形亦相似，其口色赤紫如鸡冠。

治法：彻三焦、四蹄血，恐急起心风则难医。

调理：不住牵行。

黄雀粪方：治牛虫子入耳。

黄雀粪、细辛、雄黄、冰片、麝香。共为细末，真芝麻油调滴耳中，虫即出矣。若僻处乡野，药味不便，即用真芝麻油滴之亦痊。

三、译文

虫子进入牛耳朵里面是比较难医治的病，牛极度骚动不安，起卧不宁、上蹿下跳，摆头甩脑，或用脑袋撞击地面，或者耳朵多有黏液流出，且常将患耳靠近树木、柱子、墙壁等处摩擦，甚至摩破皮肤出血，治疗用药用造父创制的黄雀粪、龙脑、雄黄、生油等药灌入牛耳内，牛耳内虫子立马爬出是高明的医生。

黄雀圆：黄雀粪、细辛（各一两一钱）；龙脑、蜈蚣（各一两），白龙骨（一钱），雄黄（一两）。

以上诸药研细为末，用冷水做成如鸡头大小丸，用淡盐水灌

耳内，每次用一两药，可立即取得效果。

四、按语

该病由于夏秋季放牧时，昆虫飞窜入牛耳所引起，使牛极度骚动不安，摆头甩脑，且常将患耳靠树木、墙壁等处揩擦，甚至破皮出血，若虫子入耳时久，患耳多有黏液流出。该病一般在检查确诊后，治疗甚易，简易方法较多，如以杯盛接米蜡、或清油、或奶汁、或童便等灌入耳内，虫即死掉或爬出，并不专限于黄雀丸一方。而使用黄雀丸时，须先将丸捏散入耳，再灌淡盐汤冲下。

第二十七章　牛患腹劳病

一、原文

歌曰：

水牛忽患肾家黄，四脚难移拳似獐，此病都来因发热，
为伤二气尿胞胀，阴阳二气难消理，尿血胞淋用药方，
先使通肠大戟散，酒煎同灌用生姜。

大戟散：治牛患腹劳病方。

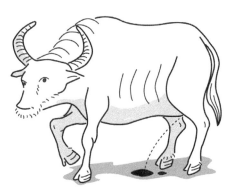

续随子、厚朴、豆蔻、木通、牵牛（各二两二钱），滑石、川楝子、茴香、白术（各二两一钱），桂心、海金沙（各五钱）。

以上诸药为末，每服一两，酒一升，油二两，同煎温服灌之，立见效。

牛患腹劳病图

二、《元亨疗马集·牛驼经》论注

夫腹劳者，何也？腹劳者，肾劳也。皆因暑月炎天，牧养失调，犁耙损伤，败血癣痰，流滞肾经，凝积膀胱。令兽小便淋血，四蹄难移，此谓肾伤腹劳之症也。

形状：小便淋血，四足拘挛。

口色：红黄者可治；青黑者难医。

治法：膘壮者，彻三焦、四蹄血；膘弱者，火针百会穴。

调理：喂养暖处。

戒忌：风吹雨淋。

大戟散：治牛小便淋血等症。

续随子、大戟、二丑、瞿麦、小茴香、滑石、蒲黄、泽泻、海金沙、厚朴、白术、木通、川楝子、红花。共为细末，黄酒、童便为引，调和灌之。如口色赤紫，加黑元参为君，佐[1]黄柏、知母，再灌一二服。

三、注解

"佐"，原刊无，守文意补。

四、译文

水牛患了肾脏疾病（肾黄病），就会出现排尿困难，（排尿时）四蹄僵直，不愿移动的症状，此病发生的主要原因是牛服劳役后感受热邪所致，热邪损伤肾与膀胱正气而造成排尿不畅，膀胱发胀，正邪二气争斗，气机难以调和才造成此病。如果出现尿血症状，要尽快用药医治。方药用大戟散通肠利尿，方中加生姜用酒调服。

大戟散：续随子、厚朴、豆蔻、木通、牵牛（各二两二钱），滑石、川楝子、茴香、白术（各二两一钱），桂心、海金沙（各五钱）。

以上诸药研细为末，每一两药，加酒一升，清油二两，共煎，灌服，可立即取得效果。

五、按语

该病是牛服劳役后突然发生的一种急性热性肾脏病。症属热淋，涩滞疼痛淋滴不成线，尿液浑浊或带血，大便干，内热盛，宜以泻热通淋的大戟散治之，组药中有滑石、木通、海金砂利水通淋而泻热，川楝子、茴香、厚朴理气散结除下焦湿热，续随子、大戟、牵牛利水破结，豆蔻行气止痛，桂心活血止痛，油润下，酒辛散而引诸药，方名大戟散，处方中却未列大戟，应补上。

第二十八章　牛患胃翻病

一、原文

歌曰：

水牛胃翻病根深，冷热相冲气不均，食滞口中多粪出，
皆由脾胃气相浸，健胃穴内顺针烙，不治多时自恶心
温酒生姜枣汁灌，三服病效值千金
健脾散：治牛患胃翻方。

官桂、厚朴、
茴香、青皮、甘
草、陈皮、苍术、
五味子、白术、青
木香、鬼木灰[1]。

以上诸药为
末，每服一两半，
好酒一升，同煎
灌，立见效。

牛患胃翻病图

二、《元亨疗马集·牛驼经》论注

夫翻胃者，何也？乃食入而反吐出也。皆因饥渴出力太过，解索摸扼喘息未定，乘热饮水，因久渴饮之太久，系拴阴湿之处，未便牵行，外感潮湿之邪，内外寒邪相感，将出力热痰凝滞于胃，寒热相攻，停而不散，则脾不能运行气血，以致癖痰凝阻胃口，令兽食入而翻出也。

形状：口吐粪沫，精神短慢。

口色：青白者，难医。

治法：火针脾脑穴、百会穴；生针彻三焦、四蹄血。

茴香散：治牛翻胃吐草。官桂、川厚朴、青皮、茴香、陈皮、甘草、苍术、白术、茯苓、藿香、香附、升麻、干姜、木通、五味、枳壳，共为细末，生姜、红枣、黄酒一斤，同和灌之。如不进食，加建中汤，方见马经篇内。

三、注解

1. 鬼木灰：槐树枝烧的灰，槐树也叫鬼木。

四、译文

牛得了翻胃和吐粪病的病因比较多，但病机主要是脾虚胃弱，冷热相冲，胃气上逆所造成，食物滞留在口中并且吐出粪浆草料，如果不及时治疗牛就会恶心呕吐加重。治疗是采用针灸针刺或火针刺脾俞、胃俞穴等健胃的穴位，再用生姜、大枣汁和温酒灌服健脾散，三服药就会取得较好疗效。

健脾散：官桂、厚朴、茴香、青皮、甘草、陈皮、苍术、五味子、白术、青木香、鬼木灰。

以上诸药研细为末，每一两半药，加好酒一升，同煎灌服，就会很快取得疗效。

五、按语

翻胃和吐粪，都是呕吐胃内容物到口外，此病水牛、黄牛都有，并不限于水牛。牛不像犬、猫那样容易呕吐，如发生呕吐，其病必沉重，治疗要及时，要仔细。引起呕吐的病因很多，但主要是脾虚胃弱，冷热相冲，胃气上逆（逆蠕动），呕吐物多是粪浆草料。治疗是外用火针刺脾俞穴，内服键脾散，方以平胃散（苍术、青皮、甘草、厚朴）加官桂、茴香等组成，目的是燥湿暖胃，健脾行气（解除胃痉挛），适用于胃寒性呕吐。歌词说本方须用生姜、大枣为引，但方内却未列，另据古牛书《养耕集》，所列生姜三片，大枣五枚，姜、枣（炒、研）实有良好的止吐作用，且价廉易行，用时药量宜大（二至三两）。

第二十九章　牛患水伤病

一、原文

歌曰：

牛患荡水鼻如冰，浑身肉颤不安宁，脾胃皆因二气争，
宿水敛着摇臁[1]颤，温脾散予[2]频频灌，苍术厚朴用防风，
芍药当归并枳壳，生姜酒下有神功。

温脾散：治牛患水伤病方。茴香、苍术、厚朴、防风、枳
壳、芍药、陈皮、甘
草、白芍药（三钱二
分）、细辛、当归、
青皮。

以上诸药为末，
每服一两，酒一升，
姜一两，煎温灌之，
立效。

牛患水伤病图

三、注解

1. 膁：指牲畜腰两侧肋骨和胯骨之间的虚软处。
2. "予"原刊作"子"，改正。

四、译文

牛患了荡水病（寒湿泄泻病：大便水泻下如注）便会出现鼻部寒冷如冰，浑身肌肉抖颤不停的症状，这是水伤脾胃而造成阴阳二气不和所致。胃肠部水邪停留，晃动腹部可听见水声，膁部震颤。治疗应运用温脾散频频灌服治疗，药用苍术、厚朴、防风、芍药、当归和枳壳，加入生姜和酒服下就会有较好的功效。

温脾散：茴香、苍术、厚朴、防风、枳壳、芍药、陈皮、甘草、白芍药、细辛、当归、青皮。

以上诸药研细为末，每一两药，加酒一升，生姜一两，水煎后，候温灌服，就会取得较好的疗效。

五、按语

荡水即水泻，又名寒泻，粪稀如水。古人认为这是水伤脾胃而阴阳不和所致。其症状除水泻外，还有鼻冷如冰，浑身肌肉抖颤，也是寒伤脾胃的症状，故方用温脾散，取其温中燥湿，利气健脾之意，原方中有"白芍药三钱三分"，又另有芍药，似此应为赤芍药，但腹泻即非瘀血所致，一般方书用芍药均指白芍。用赤芍都指明为"赤芍"，故应将方中"白芍药三钱三分"删去为宜。

第三十章　牛患肺劳病

一、原文

歌曰：

肺劳多眼闭，四脚不能抬，五脏热冲积，伤和胃疾来，

肝家似受剋，兜铃甘草瘥，起卧无时限，盐灌自除灾。

白槐花散[1]：治牛患肺劳方。

甘草、乌药、贝母、马兜铃、黄芩、白矾、知母、桑白皮、槐花[2]。

以上诸药为末，每服一两半，水二升，盐一捻，同煎灌之，立见效。

牛患肺劳病图

二、《元亨疗马集·牛驼经》论注

夫肺劳者，何也？乃肺之受损也。肺为气海。皆因牧养失调，出力过度，损伤肺经，气微血弱。令兽四足软绵，鼻息气微，此谓肺损肺劳之症也。

形状：鼻息冷气，四足难抬，时常卧起。

口色：仰陷青白，两窍昏糊。

治法：膘壮者，彻大血、三焦、四蹄血；膘弱者，火针肺脑穴，百会穴。

调理：喂养清净之处。

戒忌：风雨吹淋。

清补散：治牛肺劳等症。

兜铃、杏仁、粉草、乌药、贝母、百合、白芨、白矾、桑白皮、阿胶、元参、五味子、黄芩、紫菀。各件共为细末，每服四两，水煎三沸，温加童便二大盏，食盐少许，同调灌之，立效。如口色赤紫，鼻流浓涕者，宜三黄汤灌一服清下，再用本方痊愈。加减看口色，身体有膘无膘，切不可执一己之私，医者慎之。

三、注解

1. "白槐花散"：原刊作"白槐花"，改正。
2. "槐花"：原刊无，据方名增加。

四、译文

牛的肺脏收到损伤得病证就会表现出不愿睁眼，眼闭无神，四肢无力不愿站立，不愿行走。其他脏器的积留热邪容易传到肺脏，脾胃受伤也会牵涉到肺部，肺部疾患会累积肝脏（金克木），灌服马兜铃、甘草为主的药，再加上食盐一同服用，病就会痊愈。

白槐花散：甘草、乌药、贝母、马兜铃、黄芩、白矾、知母、桑白皮、槐花。

以上诸药研细为末，每一两半药，加水二升，盐一捻，一同煎后灌服，就会取得疗效。

五、按语

该病是一种劳役伤力的肺部慢性病（相当于牛结核病）。形体日渐消瘦，食欲减退，眼闭无神，四肢无力，不愿行走，时发轻度咳嗽，口张虚喘，鼻流臭涕。治疗该病的白槐花散（有方名而无此药味，应补上），槐花止咯血，白矾解毒清肺，二母、兜铃、桑皮清肺气、止咳嗽、滋阴润肺，黄芩泻肺实、治肺痿；乌药顺气解郁、温中止痛、甘草补虚益气、和中缓急，食盐润燥收敛、去胸中喘逆。

第三十一章　牛患肾伤病

一、原文

歌曰：

肾伤之牛腰胯疼，行时点脚又头平，后脚无力难移步，
耳垂眼急痛难忍，没药骨碎香白芷，鹿茸自然使黄芩，
厚朴同和都杵末，生姜酒灌自安宁。

百补散：治牛患肾伤病方

白芷、陈皮、厚朴、没药（三两三钱），萆薢、茴香、当归、自然铜、五灵脂、苦辣子、黄芩、骨碎补、元胡、鹿茸、牛膝。

以上诸药为末，每服二两，酒一升，蜜三钱，温灌立见效。

牛患肾伤病图

二、《元亨疗马集·牛驼经》论注

夫肾伤者，何也？肾受亏伤也。肾为水海，肾主于骨。皆因牧养失调，忍饥受渴，出力太过，劳伤筋骨，又兼外受风湿，内外相感尹合为亏伤。令兽弓腰吊胗，腰疼胯痛，后脚无力，此谓寒湿肾伤之症也。

形状：弓腰吊胗，后脚难移。

口色：鲜明者生，红黄者易治，昏糊者难医。

治法：火针百会、大小胯、曲池等穴；有膘、口赤者，彻三四蹄血。

调理：喂养暖处，草料加倍。

戒忌：雨淋风吹。

七补散：治牛肾伤等症。

骨碎补、没药、萆薢、厚朴、小茴香、当归、陈皮、甘草、川楝子、杜仲、故纸、五灵脂、牛膝、白芷、五加皮、木瓜、细辛。各件共为细末，每服四两，生姜五片，水煎三沸，温加黄酒一斤，童便二大盏调灌。如口色淡，本方加：肉桂、附子、川乌、草乌，再上二、三服，痊愈。

三、译文

牛得了肾部损伤的病症就会表现出腰胯疼痛，行走时出现脚垫地不能踏实，头不愿抬高和肩部平行，后肢无力起立艰难，行走困难，难以移动。耳朵下垂，眼睛圆睁、腰痛拒按，此时要选用没药、骨碎补、茴香、白芷、鹿茸、自然铜、黄芩、厚朴等药

共同研细为末，加生姜和酒灌服就会得到治疗。

百补散：白芷、陈皮、厚朴、没药、萆薢、茴香、当归、自然铜、五灵脂、苦辣子、黄芩、骨碎补、元胡、鹿茸、牛膝。

以上诸药研细为末，每二两药，加酒一升，蜜三钱，加温灌服可立即取得效果。

四、按语

该病系因内肾损伤而发生疼痛的一种病症，主见于腰胯疼痛，多因负重急奔，或碰撞压打，或逢沟过涧时摔跌伤及腰脊，引起肾经气滞血瘀而发病。相当于现代临床之常见的腰胯闪伤等病，病牛腰痛拒按，起立艰难，后肢拘急难移步，有时出现尿血，治疗该病的百补散，功能强腰利肾，活血散瘀止痛。《中兽医治疗学》中取本方治牛内肾损伤症，略有加减。取经济适用（去鹿茸、元胡、牛膝、黄芩、生姜，另加胡芦巴、童便。而没药亦由三两三钱减至五钱。当归改用归尾），又江西名兽医郑少山，对本方萆薢以白蒺藜代之，均注以参考。

第三十二章 牛患胞虚病

一、原文

歌曰：

胞虚[1]似冷淋，胃水便侵身，其中多受涩，滴滴病加深，
暖胃补芍药，胞门[2]治一针，干姜白龙骨，茱萸及细辛。
当归红芍药，葱酒灌除根。

芍药散：治牛患胞虚方。

芍药、茱萸、当归、细辛、官桂、龙骨、干姜。

以上诸药为末，每服一两，酒一升，葱油盐同调灌之，立见效。

牛患胞虚病图

二、注解

1．胞虚：这里指膀胱虚弱，而非传统的子宫虚弱。

2．胞门：指书中"针牛穴法名图"中后福穴，在阴门下四指处。

三、译文

牛得了膀胱虚寒证就会表现出尿液像冬天的流水一样涩滞，脾胃之水得不到疏通便会侵袭全身，排尿不畅，尿液涩滞淋滴而下，尿色清而量少，时间长了病就加重影响全身。治疗时，先在后福穴处针刺，用芍药散温补暖脾胃、理气、利尿，方中药物有干姜和龙骨、茱萸和细辛，当归和赤芍，再加上葱和酒灌服就可去除病根。

芍药散：芍药、茱萸、当归、细辛、官桂、龙骨、干姜。

以上诸药研细为末，每一两药，加酒一升，葱、油、盐同调灌服，会立刻见到效果。

四、按语

该病系继发的膀胱麻痹引起的一种尿闭症。多因内挫扭伤脊腰，排尿神经麻痹而发，也可见于寒伤脊腰。该病特征是形体消瘦，口色淡白，脉象迟细，尿液淋滴而下，排尿不畅，尿色清而量少，排粪时无明显痛感。治疗时，先在后福穴处针刺，然后内服补虚、理气、利尿为主的芍药散。方以赤芍破血通瘀、调营卫而利膀胱，山茱萸温补肝肾、秘气助阳，当归养营活血以利气

（治循环障碍），细辛温中通窍而下气，肉桂温肾调冷气，干姜散内寒，龙骨益肾固涩，葱油升阳通气，盐引诸药入肾。

第三十三章　牛患肺[1]嗓黄病

一、原文

歌曰：

出气声音响，连类作鸡鸣，热发喉骨胀，涎血化为脓，

急救用针烙，开喉别有通，便下硼砂散，连服有神功。

南硼砂散：治牛患肺嗓黄病方。薄荷、川芎、桔梗、南硼砂、白矾、黄柏、甘草、青黛、黄连、人参。

以上诸药为末，每服二两，蜜一杯，酒、水二升，同调灌之立效。

牛患肺嗓黄病图

二、《元亨疗马集·牛驼经》论注

夫干嗓风者，何也？乃咽喉干涩，呼息犹如鸡鸣声音者，皆因犁耙出力过度，抑或二牛争斗，交锋打角，力尽筋衰，损伤肺窍，及至解脱，又失牵行，或受檐巷风吹，或于湿地安眠，邪疫侵袭，以致痰涎凝郁肺窍，阻塞咽喉。令兽呼息有声，睦出脓血，此谓干嗓喉风之症也。

形状：直颈呼息，声似鸡鸣。若喉下有发核骨者，必有肿处，即是核骨胀，非是喉风也。医者鉴之。若是喉胀用火针刺之，以核骨肿化出脓，即愈。

口色：仰陷赤者生，青黑者死。

治法：膘壮者，彻大血、三焦、四蹄血。

调理：喂养清净之处。

戒忌：日晒、风吹、雨淋。

硼砂散：

薄荷、川芎、桔梗、南硼砂、白矾、黄柏、甘草、青黛、人参、黄连。各件共为细末，每服四两，水煎三沸，温加白蜜四，黄酒一斤，童便二盏，调灌一二服，立愈。

三、注解

1. 肺，原刊作"肝"，改正。

四、译文

牛患了肺嗓黄病，便会出现以下症状：呼吸出气的声音特别

大而响亮，连连发出"嘎嘎"像鸡打鸣一样声音。此病是牛咽喉部热毒壅滞导致肿胀所致，其病症迁延时久，肿处始熟软成脓，破流成疮，其治疗方法，在喉部硬肿未化脓时用火针烧烙喉肿部；如已溃破化脓，则要用其他的方法，同时服用南硼砂散，连续服用多次就会有好的疗效。

南硼砂散：薄荷、川芎、桔梗、南硼砂、白矾、黄柏、甘草、青黛、黄连、人参。

以上诸药研细为末，每二两药，加入蜜一杯，酒、水二升，同调灌之立效。

五、按语

肺嗓黄又叫嗓黄，乃牛喉嗓间毒热壅滞肿胀之症。其症蔓延时久，肿处硬而顽坚，皮肉不变，食草如常，往往十天半月之久，始熟软成脓，破流成疮，其肿盛时，气塞喘高，项直颈伸，呼吸时有响亮的"嘎嘎"的鸡叫般声响。治疗方法：在喉部硬肿未化脓时，外以醋和燕窠泥和调外敷消散。或针烙患部；如已溃破化脓，则先去净疮内脓汁腐肉，用消毒药水洗拭疮面，再以拨毒生肌散涂敷患部。同时内服南硼砂散，方中南硼砂、青黛、薄荷、清凉散郁、去咽喉肿痛为主；川芎、桔梗、白矾活血解毒、宣通肺气、助主药治咽喉肺痛为辅；黄连、黄柏泻热解毒，人参、甘草、蜂蜜益气生津、养正缓急为佐；酒引各药入经以速功效。

第三十四章　牛患水草不通

一、原文

歌曰：

水草不通大粪干，在地打嘈[1]不得安，便用地皮[2]浑身擦
医人将手后门[3]搬，先使木通并通草，后用凉药开五脏，
山龙地黄皆为末，三棱五味便能安。

透龙散[4]：治牛
患水草不通方。

透山龙、地骨
皮、木通皮、黄连、
大黄、天竺、茯苓、
通草、桔梗根、荆三
棱[5]、五味子。

以上诸药为末，
每服二两，灌之即愈。

牛患水草不通图

二、《元亨疗马集·牛驼经》论注

夫水草不通者，何也？不通者，乃结症也。

形状：弓腰弩挣，小便赤涩。

口色：鲜明光润者生，昏糊青黑者难医。

治法：彻三焦、四蹄血。如气胀者，针脾腧穴放气，胀自消也。

调理：喂养净处，肚底用木棍后刮，大便通利为度。

戒忌：风雨吹淋。

穿肠散：治牛水草不通、胀结等症。

枳实、厚朴、大黄、芒硝、生地、当归、木通、陈皮、火麻仁、郁李仁。各件共为细末，每服四两，水煎三沸，温加黄酒四两，大麻油四两。如无麻子油，即用真芝麻油四两调灌，以通利为是。

清理二便饮：治牛二便不利等症。

锦大黄、芒硝、枳壳、厚朴、桔梗、陈皮、半夏、木通、车前子、滑石、萹蓄、瞿麦、当归。各件共为细末，每服四两，水煎三沸，温加油蜜调灌。如口色赤气盛者，本方加：川黄连、黄柏、黄芩，再上二三月服，痊愈。

三、注解

1. 嘈：音曹（cao），即大声吵叫的意思。

2. 地皮：即茄科枸杞的根皮，称地骨皮。

3. 后门：即肛门，指兽医应进行直肠触诊，并将其中结粪掏出。

4．透龙散：以透山龙而得名，透山龙为防己科植物百解藤，以地下根茎入药，能治气胀、食胀、百叶干、大便秘结及咳嗽、喉肿等病。

5．"荆三棱"。原刊作"油菜花"，有的刊本作"灿菜花"，有的刊本作"沙林花"或"炒答花"现据歌词改正。

四、译文

牛患了大小便不通（水草不通）的病症，就会出现大便干燥不下，牛卧地不愿起身，并且大声叫唤，不得安宁，出现这种情况，应采取先用地骨皮擦拭全身，兽医应进行直肠触诊，并将其中结粪掏出。然后服用药物如下：主要用木通和通草，然后选用药性寒凉的药物疏通五脏，透山龙、地骨皮、黄连、大黄等药为末，再加入三棱、五味子等药便取得疗效。

透龙散：透山龙、地骨皮、木通皮、黄连、大黄、天竺、茯苓、通草、桔梗根、荆三棱、五味子。

以上诸药研细为末，每次服药二两，用水灌服就会治愈。

五、按语

本方从药味看来。是治阴虚火旺，火盛内蕴，二便不通的方剂。外用地骨皮茎条在腹部由前向后按摩推擦，并入手在直肠内掏出结粪。方中茯苓、地骨皮渗湿滋阴、祛肾经虚热，黄连、天竺黄泻心火，木通、通草渗湿利水、泻肺与膀胱火，大黄泻大肠火，桔梗、荆棱祛痰破积。五味子敛肺滋肾、去心腹气胀。故适用于阴虚火热而生的内燥便结症。

《新刊图像牛经》所载牛病药方注解

一、仙传海上方[1]

芍药、牡丹、黄连、重折[2]、花折珠[3]、雄黄、斑蝥（出炮）、麝香、朱砂、猪牙、皂角、鸡屎藤[4]、地龙（七个）、黑蜂、朝东野椒根[5]、牛蒡子根、八爪金龙[6]。以上诸药为末，吹入鼻中，用好酒灌之，倒吊取出涎即安。

注解：

1. 海上方：一般指在江浙两广沿海一带采访到的民间有效验方。

2. 重折：后书中改为"重楼"。

3. 花折珠：后书中改为"花蜘蛛"。为园蛛科动物金蛛的全体。具有解毒消肿，截疟之功效。用于蛇咬伤，疔毒疮肿，瘟疟。

4. 鸡屎藤：为茜草科植物鸡矢藤的全草，夏季采收全草，晒干。其味甘、微苦，性平。具有祛风利湿，止痛解毒，消食化积，活血消肿之功效。用于风湿筋骨痛，跌打损伤，外伤性疼痛，肝胆及胃肠绞痛，消化不良，小儿疳积，支气管炎；外用于皮炎，湿疹及疮疡肿毒。

5．野椒根：指野海椒根，具有祛风湿，通经络，消肿止痛之功效。用于风湿痹痛，腰背疼痛，跌打损伤，无名肿毒。

6．八爪金龙：八爪金龙原名百两金、别名山豆根、地杨梅、开喉箭、珍珠伞、矮茶、白八爪、高脚凉伞。具有清咽利喉，散瘀消肿功能。主治：咽喉肿痛，跌打损伤，风湿骨痛等症。

本方用药达十六味之多，充分运用所收集的民间草药组成。根据药性来看，都是一些清热解毒、消肿散瘀、祛邪辟秽。

二、软脚瘟方

大细辛、五加皮、八月瓜根[1]、槐条（三根）、地骨皮、柏条[2]（七根火灸过）、鸡卵、乳香（一钱）、麝香（二钱）、芍药、茴香。以上诸药为末，入酒灌之即愈。

注解：

1．八月瓜根：木通根，别名八月瓜根，为木通科植物木通、三叶木通及白木通的根。9—10月采挖。主治：祛风、利尿、行气、活血。治风湿关节痛，小便不利，胃肠气胀，疝气，经闭，跌打损伤。

2．柏条：柏树枝。

软脚瘟这一病症，根据用药来看，好似现在南方经常发生的牛风湿病。药方中：细辛祛风散寒，可治肢体关节拘挛、风寒湿

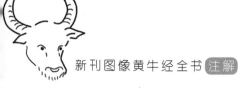

痹；五加皮祛风湿、壮筋骨、补肾水，主治风湿痹痛；八月瓜根宣通血脉；槐条治疗风瘘痹痛；地骨皮壮筋骨，治疗肾虚腰痛；柏条，去风湿痹痛；鸡卵治疗风热麻痹；乳香调气血、舒筋止痛消肿，麝香开窍透筋骨；芍药通顺血脉；茴香祛风散寒、暖腰肾、健脾开胃。

三、喉风海上方

雄黄（二钱），擂水桑根绞去了退用[1]，针舌头下边青筋（针段二处）[2]。

注解：

1. 绞去了退用：意思是搅匀灌服。

2. 针段二处：用针在舌底二静脉处放血。

牛之喉病，多属于火毒为患，常见有水草不食，或有涎痰阻塞咽喉，项下肿块，大便干燥、身体壮热。治宜清热解毒、消肿祛痰。方中雄黄能解毒蚀疮，治疗息肉、喉风；桑根擂水解热祛风，加上舌底放血治疗，便可热退肿消。

四、疥疮海上方

硫磺（五钱）、花椒（二两）、三奈子[1]（一两），洗了皮，锅焙干，捣细为末，猪油调搽好。

注解：

1. 三奈子：别称三乃子、三赖、三奈、山辣、三藕、沙姜，山奈，为姜科植物山奈的根茎。主治心腹冷痛，停食不化，跌打损伤，牙痛。用于胸膈胀满、脘腹冷痛、饮食不消。

牛患疥疮，是指疥螨虫感染所造成的皮肤病。本方古今通用，为治疗疥螨常用方剂。硫磺杀虫治疗疥螨，为方中主药，花椒外用杀虫治疥，三奈子杀虫，治疗风虫牙痛。

五、发汗散方

升麻、当归、川芎、干葛[1]、麻黄、芍药肉、人参、紫金皮[2]、香附子、葱三根、姜三片、好酒一升灌之。

注解：

1. 干葛：指葛根，古人用药常用新采集的药，这里指晒干的葛根。

2. 紫金皮：现代称为"紫荆皮"。具有活血，通淋，解毒之功效。常用于风湿痹痛，小便淋痛，喉痹，痈肿，疥癣，跌打损伤，蛇虫咬伤。

此方的组成多用解表之药，如升麻、葛根、葱白发散风热、解表，麻黄、生姜发散风寒；并配以当归、白芍补血滋阴；川芎活血行血，人参（古代称党参为人参）补气，香附理气，紫荆皮活血行气，诸药合用，共奏解表发汗之功。

六、尿血海上方

雄黄、朱砂、海金沙、马鞭梢[1]、柏木叶、红花、当归、甘子[2]、麻子[3]、风鬼草、甜水藤、五加皮，以上诸药为末，用好酒灌之大好。

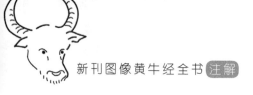

注解：

1．马鞭梢：为忍冬科植物马鞭梢的嫩叶，又名蒴藋、陆英、接骨草。马鞭梢性味甘酸温，具有祛风除湿、活血散瘀的功效。治风湿疼痛、肾炎水肿、脚气浮肿、痢疾、黄疸、慢性支气管炎、风疹瘙痒、丹毒、疮肿、跌打损伤。

2．甘子：余甘子，又名喉甘子，庵罗果，牛甘果等。属大戟科叶下珠属植物，其果鲜食酸甜酥脆而微涩，回味甘甜，故名余甘，该品呈球形或扁球形，直径1.2～2厘米。表面棕褐色至墨绿色，有浅黄色颗粒状突起，具皱纹及不明显的6棱，果梗长约1毫米。甘、酸、涩，凉。归肺、胃经。有清热凉血，消食健胃，生津止咳的功效。

3．麻子：火麻仁。

此方用于治疗尿血症，方中雄黄、朱砂均解毒药，海金沙为通小肠血分之主药，常用治疗尿血或小便不利；红花配当归、麻子（火麻仁）等药为红花散，甘草梢清热解毒，五加皮补肾水，诸药共用清热凉血，解毒利尿。

七、瘦皮海上方

心红、朱砂、海肥子（四两）、乌鸡（一只）、当归、猪脂（一斤）、盐（一两），擦之。

注解：

本方为民间治疗牛瘦弱的土方，朱砂之红色者通血脉、益精神，当归补虚易益损、养血归经，猪脂润肠滋补、食盐健胃，宜入料拌饲。

八、补药方

红豆（一升）、白矾（一两）、飞过。

九、春季药方

大黄、黄连、甘草、防风、栀子、瓜蒌根、黄药子、知母、贝母。

注解：

本方用于防止春季风湿，着重宣肺解表，清热泻火。药物用量：每种药可以用到15～30克。

本方及以下三方，均为中兽医根据四时季节气候变化及耕牛劳役忙闲和体制、饲养等具体情况，而提出的各种保健防病处方，充分体现了中兽医理论因物、因时辩证思维，可作为农村养护牛的参考。

十、夏季药方

黄芩、黄连、大黄、郁金、黄根、白药子、甘草、知母、贝母、薄荷、兜铃、桔梗、地黄。

注解：

本方是在夏收、夏种期间防止耕牛中暑和疥疮疔黄热毒等病的一个保健方，方中用苦寒泻火的四黄散和甘凉清热的知母、甘

草，清暑透表的薄荷、桔梗，宜窍清热的郁金，再加上黄白药子清热解毒，兜铃清热降气，地黄清热凉血，诸药合用，故有清暑降火、凉血解毒之功效。

十一、秋季药方

枇杷叶、知母、贝母、甘草、兜铃、杏仁、地黄、木通、款冬花、瓜蒌根、紫苏、麦门冬、秦艽、芍药、黄连、白药子、黄药子。用酒灌之效也。

注解：

本方是以润肺敛燥、清热解毒的药物组成，适用于秋季耕牛保健，以预防时令燥邪侵袭肺部而发的呼吸道疾病。

十二、冬季药方

芍药、厚朴、青皮、陈皮、细辛、益智仁、山药、牵牛、何首乌、延胡索、甘草、青葙，用酒灌之。

注解：

本方是冬季耕牛保健的经验有效古方，其功能主要在于防寒祛湿，健脾和胃以保持牛的膘情，已备过冬。

十三、风疮药方

燕石[1]、猪牙[2]、皂角、人言[3]（取炮），苍子根束，麻油搽之。

注解：

1. 燕石：即石燕，为古生代腕足类鳅科动物中华弓石燕及弓石燕等多种近缘动物的化石。分布于湖南、广西、四川、山西、江西，浙江亦产。具有除湿热，利小便，退目翳之功效。

2. 猪牙：又名牙皂、小牙皂、小皂角。为豆科植物落叶乔木皂荚的干燥不育果实。具有通窍、祛痰、通大便之功效常用于治疗中风口噤、咽喉肿痛、痰喘胀满等症。

3. 人言：中药名。即砒霜。这种名称的来源是有历史的：砒霜未升华前叫砒石，其色呈淡黄或淡红色，条痕也呈淡黄色，故有砒黄之称。又因原产信州（今江西上饶），故又有信石等名，后隐"信"为"人言"。

本方为治疗牛体外寄生虫的擦剂，药量：石燕、牙皂各30克，砒霜1.5克，苍子根一束，分别研末后混合，加麻油500克涂搽于患处。

十四、尿血方

瞿麦子根、黄药根、红藤藤根、厚子根、山茱萸，四根药水灌药引，地肤子根，水火不通[1]，五加皮煎入，一炮灌之。

注解：

1. 水火不通：指大小便不通。

本方多用于南方草药的根来治疗牛的尿血证，用时各种药材用量可取30～50克，效果较好。

十五、肚腹痛

用好细辛煎一碗，李子蕊三分，煎茶泡吃即愈。

注解：

本方用细辛祛风散寒止痛、稳中破结，李子蕊镇痛利尿，茶叶提神利尿。从药效来看，本方应用于牛的虚寒腹痛证。

十六、咳嗽药方

细茶[1]（一两）、蜂蜜（一两）、椒子[2]（半两）、清油（半两）、生姜（半两细切）、将姜并水和捣，蒸熟，又酒姜汁蒸着，油润锅炒，每日早晚常服。

注解：

1. 细茶：指茶叶末。
2. 椒子：花椒籽。

咳嗽是肺系受病，宣降失常，肺气上逆作声，并将肺管、喉间之痰涎异物咳出的病症。该病一年四季均可发生。咳嗽的病因有外感、内伤两大类。外感咳嗽为六淫外邪侵袭肺系；内伤咳嗽为脏腑功能失调，内邪干肺等均可引起肺系受病，肺失宣肃，肺气上逆作咳所致。本方润肺利气，散寒止咳，主要治疗因外感风寒所致的咳嗽。

《新刊图像牛经》所载采药日

入山采药宜用天倉（倉：仓，吉凶寓意：吉），地倉，开日，除日：

正月初一日、二月二十五日、三月二十日、四月十六日、五月十一日、六月初六日、七月初二日、八月二十二日、九月二十一日、十月十六日、十一月十一日、十二月初六日，此即天倉开日菜肴灵验。

正月子、二月丑、三月寅、四月卯、五月辰、六月巳、七月午、八月未、九月申、十月酉、十一月戌、十二月亥，此即天开、地开、吉日宜用。

春秋不入东西二山、凶；夏冬不入南北二山、凶。

附录：《新刊图像牛经》原文照片

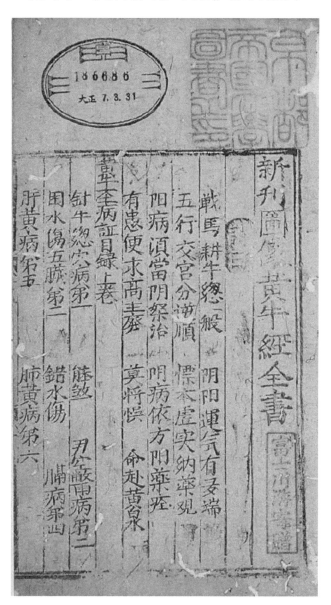

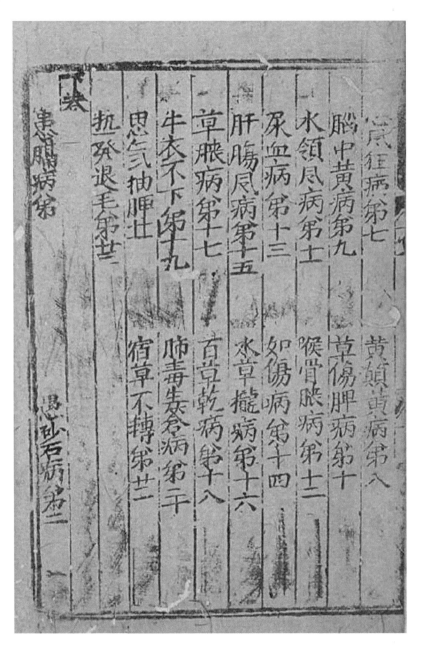

患内眼病弟三

东破伤风弟四

心风狂病弟五

腰瘫病弟六

肺热病弟七

肺扫病弟八

浑身血出弟十一

赴搞把膊弟十

黄绣散鼻法烛咬十五

肺獗炎病弟十二

脚直风病弟十三

肺趓病风弟十四

肺缚喉风病第十八

肺败病弟十六

膻眼病弟七

水舌宋口弟十八

脾肢风病弟二十

交脚风病弟二十

博胞病二十三

脱红病弟廿二

泄凉气弟二十四

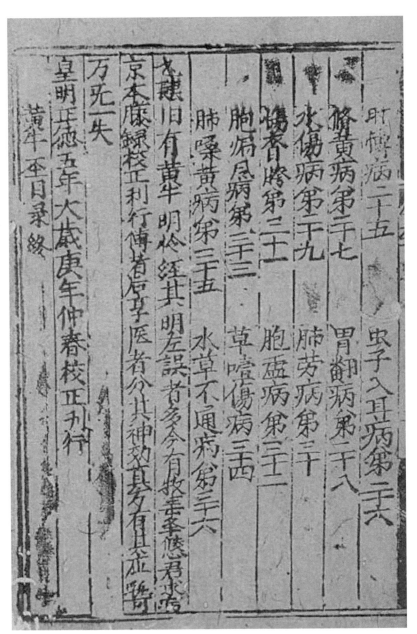

戈辣旧有黄牛明伦经其明左误者多今有牧童牵愿君

京本廉录校正利行传首居牢医者分其神效其夕有且此此医

万死一失

皇明正德五年大藏庚年仲春校正刊行

黄牛至目录终

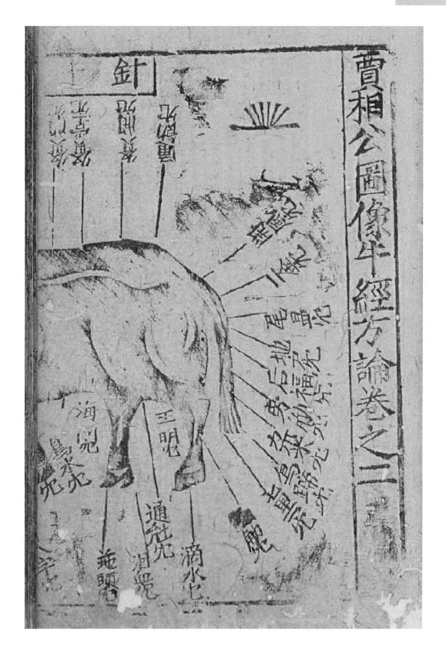

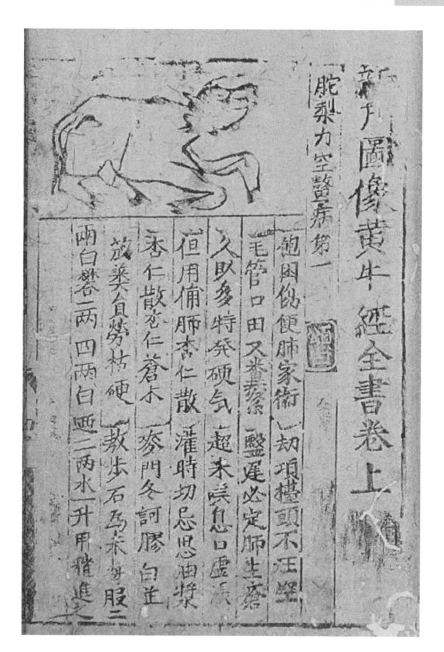

新刊圖像黄牛經全書卷上

脆梨力空數療第一

範圍傷便肺家術一劫項檔頭不汪牌

毛管口田又米藜葉　醫莚必定師生瘡

久貶多特枕硬气　趙末唉息口虛弥

㣙用備師杏仁散　灌時切忌思油浆

㮡仁散老仁蒼木　麥門冬訶膠白连

放蔞員勞枯硬　蕲步石馬森母股二

兩白礬二兩　四兩白歴二兩水一升用骽進

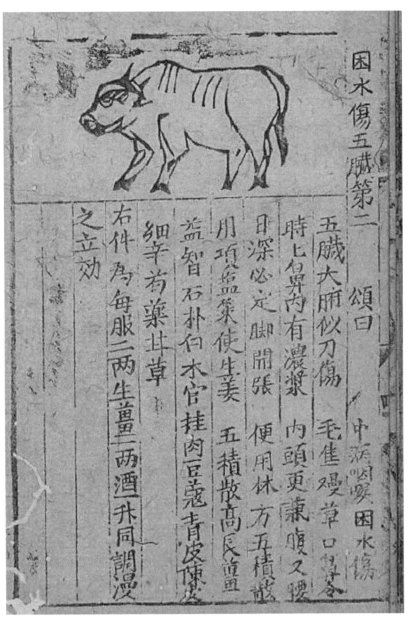

困水傷五臟第二

頌曰　中疼咽嗥困水傷

五臟大痛似刀傷　毛焦㗠草口懷冷

時上鼻內有濃漿　內頭更慊頓又腰

日深必定脚開張　便用林方五積散

用項盤藥使生姜　五積散高民道田

益智石朴白水官　挂肉豆蔻青皮陳皮

縮辛為藥甘草

右件為每服二兩生薑一兩酒一升同調湿

之立効

· 8 ·

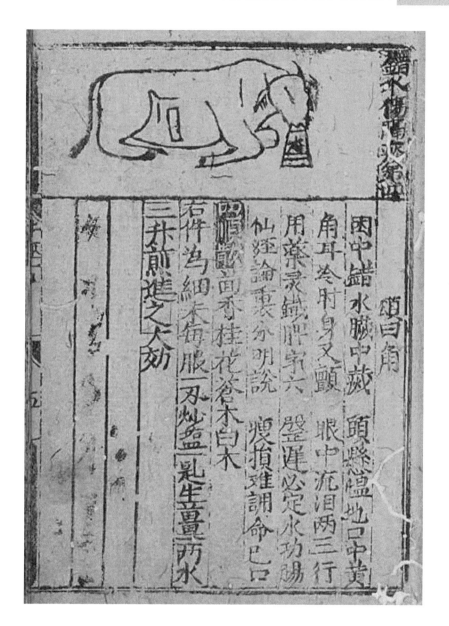

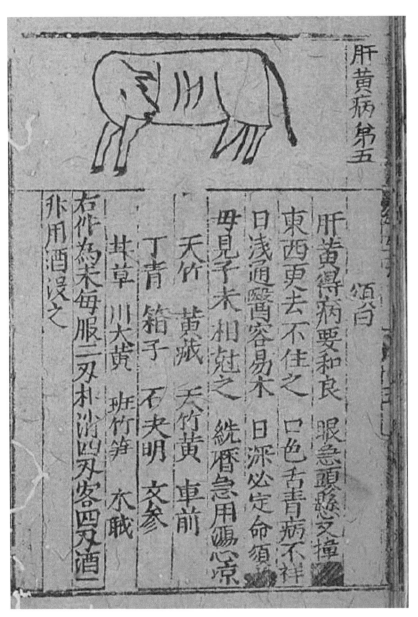

肝黄病第五

頌曰

肝黄得病要和良　眼急頭縣又撞

東西更去不住之　口色舌青病不祥

日淺通醫容易木　日深必定命須

毋見子木相尅之　繞唇急用瀉心凉

天竹　黄滅　天竹黄　車前

丁青　箱子　石夫明　玄參

井草　川大黄　班竹筍　水賊

右作為末每服二刃朴消四刃客四刃酒

外用酒没之

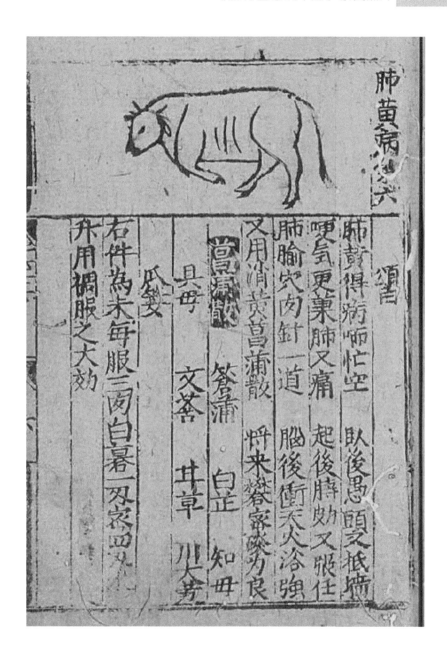

肺黄病论六

肺黄得病喘忙空　臥後思頭灵抵墙

嗖气更棄肺又痛　起後脾劲又张住

肺腧穴肉針一道　脑後衝天火浴强

又用消黄菖蒲散　将来蘂蜜藥为良

菖蒲散

　貝母　　　菖蒲・白芷　知母

　瓜蔞　　　文蛤　甘草　川大黄

右件為末每服三两白暑一刃袭四四

井用調服之大効

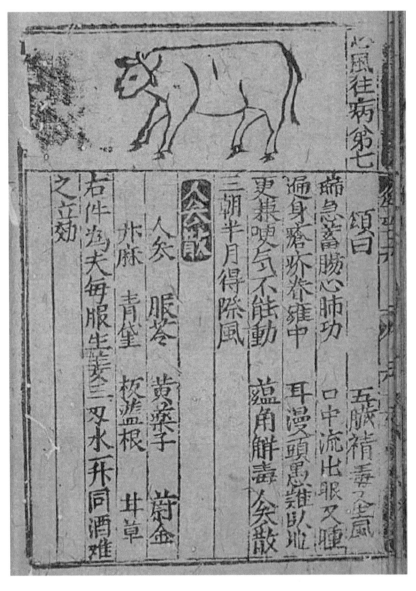

心风往病第七

颂曰

瑞急蓄膈心肺功　　五脏精毒之金风
遍身瘥疥眷难中　　口中流出眼又睡
更兼咦气不能动　　耳漫头思难取此
三朝半月得除风　　蕴角解毒人参散

人参散

人参　服苓　黄桑子　蔚金
朮麻　青坐　枝蓝根　甘草

右件为末每服生姜三叉水开同酒难
之立効

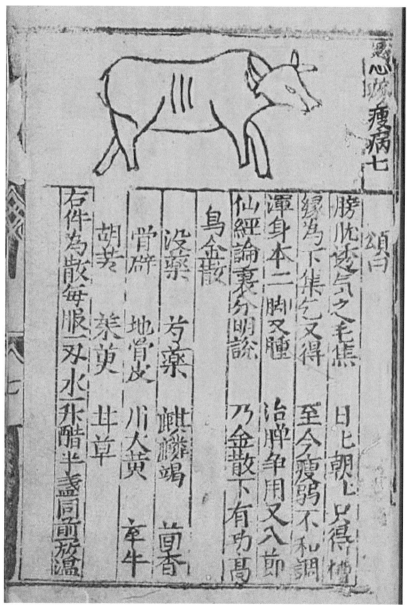

惡心瘦病七

頌曰

膀胱透气之毛焦　日比朝七只得樭

缘为下集气又得　至今瘦弱不和調

浑身本二脚又肿　治脾争用又入節

仙經論裏分明說　乃金散下有功葛

烏金散

没藥　芳藥　蟣礵蝎　草香

膏辟　地骨皮　川大黄　牽牛

胡芙　杂莫　甘草

右件为散每服一双水一井醋半盏同前放爐

新刊牛經明驗集中卷

頌曰

心黄得病走顛狂　眼目時間怡似禪

心為帝正元足火　火來攻火病无涼

此患久热攢臟腑　且須忌治下消黄

好手之人難治療　不会育鹽悟道強

辰砂散

人參　伏苓　草盞　四監

大黄　甘草　黄梔子

右作為散每服一乃家四匁水二朶同調灌

立効

腹中黄病第十

颂曰

父热积成聚脏中　繁身宛转作旋风

眼黑更兼吐涎沫　子向星门落一道

行天取透有神功　往中水淋二数疼

定风散下更除风

行风散

川芎　天竹黄　防风　人参

麻黄　乾地黄　天麻砂　参此系

　　白蒺梨　甘草　黑附子

右件为散每服半刃水一升入麻三刃

同伴温服立効

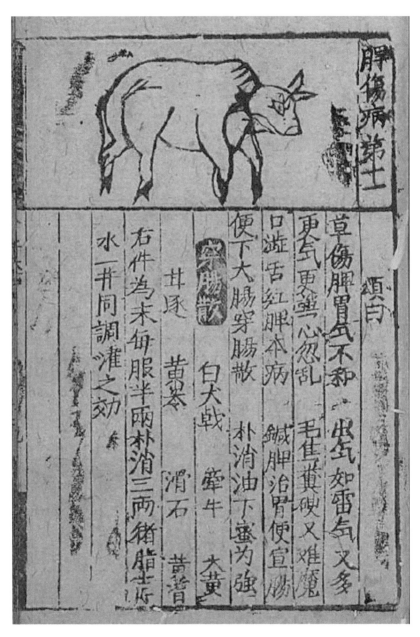

脾傷病第十

頌曰

草傷脾胃氣不和 一空如雷氣又多

更氣更藥心忽乱 毛焦糞硬又难魔

口澀舌紅脾本病 鍼脾治胃便宜腸

便下大腸穿腸散 朴消油下蟲為強

安脾腸記

白犬戟　牽牛　大黄

甘遂　黄芩　滑石　黄蓍

右件為末每服半兩朴消三兩豬脂少許

水一井同調灌之効

水頭風病第十二

頌曰

頌曰　腰脊背因困水傷　更因汗世瀋風嗒

頭又難懸眼又急　頄頭腫大恰如穳

項条更善懸不得　一日深必定愛一相

火鍼更用三圣散　惡哈頭得乳頭香

三圣散

硇霜　硇砂　黄丹

外用乳香炒

右件为末用水为圆如大麥大小发右頰

頭瘥中必瘥

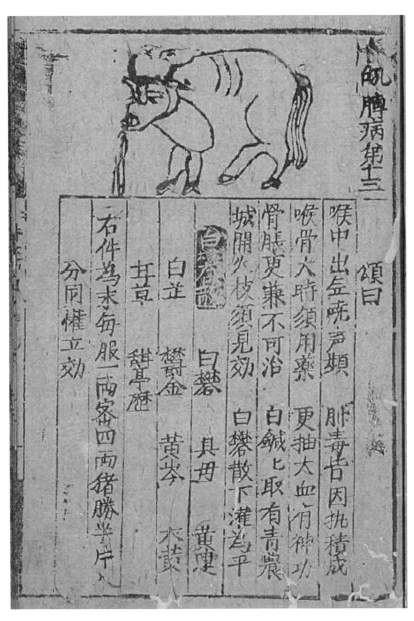

肌脾病第十三

颂曰

喉中出血声频　肿毒皆因执积成
喉骨大肹须用药　更抽大血泪神功
骨胀更兼泪不治　白鍼匕取有青農
城开火枝须見効　白礬散下灌為平

白礬散

白礬　貝母　黄连
白芷　贊金　黄芩　木香
甘草　甜葶歷

右件為末每服一两蜜四两猪牙半片入
分同灌立効

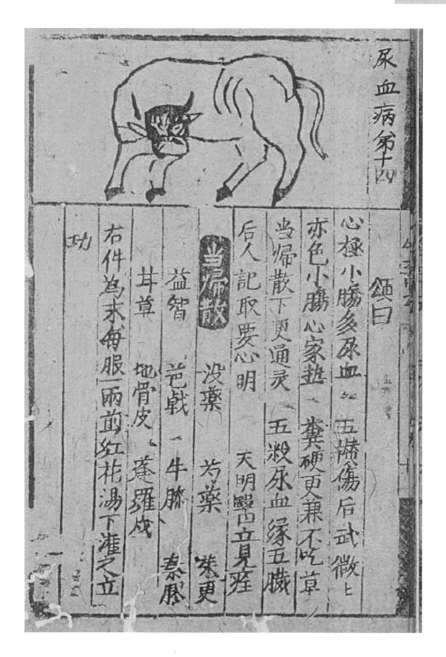

尿血病第十四

颂曰

心极小肠多尿血　五横伤后武微七

亦色小膀心家起　粪硬更兼不吃草

当归散下更通灵　五谷尿血缘五脏

后人记取要心明　天明医已立见痊

当归散

没药　芍药　蒌更

益智　芭戟　牛膝　秦艽

甘草　地骨皮　蓬莪戟

右件为末每服一两前红花汤下灌之立

功

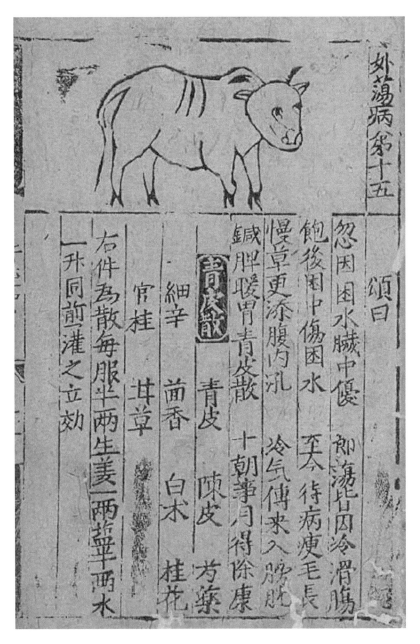

外蕩病第十五

頌曰

忽困困水臟中優　卻滿皆囚冷滑腸

飽後困中傷困水　至今待病痩毛長

慢草更添腹內沉　冷気傳來入膀胱

鍼脾暖胃青皮散　十朝爭月得除康

【青皮散】

青皮　陳皮　芳藥

茴香　白术　桂花

細辛　官桂　甘草

右件為散毎服半兩生姜一兩葱半兩水一升同前灌之立効

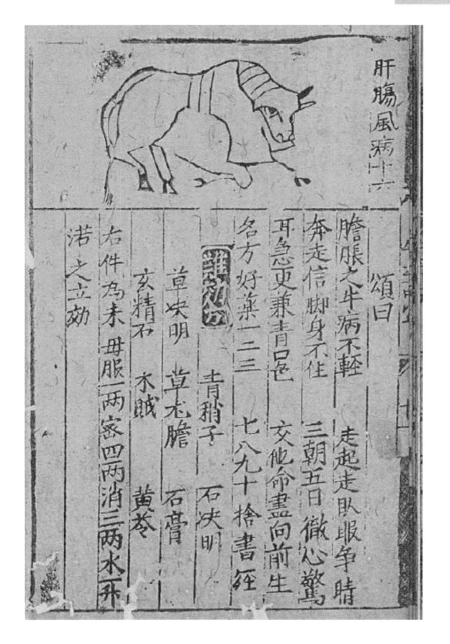

肝膓風病卄六

頌曰

膽脹之牛病不輕　走起走臥眼爭時

奔走信脚身不住　三朝五日徹心驚

耳急更兼青口邑　交他命盡向前生

名方好藥一二三　七八九十撿書經

青稍子　石决明

草决明　草龙膽　石膏

玄精石　水贼　黄芩

右件為末毋服一两窝四两消三两水一升

諾之立効

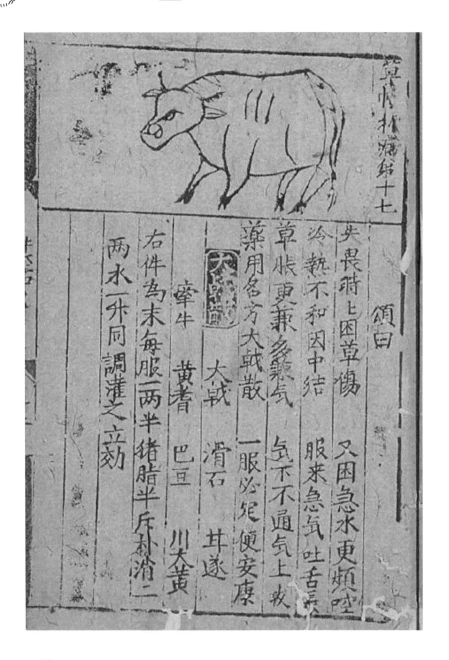

草水林涛第十七

頌曰

失畏時上困草傷　又困急水更頻咚
冷熱不和因中結　服來急气吐舌尖
草胀更兼多氣气　气不不通气上收
藥用名方大戟散　一服必炬便安康

大戟　　滑石　　甘遂
牽牛　　黃耆　　巴豆　　川大黃

右件為末每服二两半猪脂半斤杵滑二
两水一升同調灌之立効

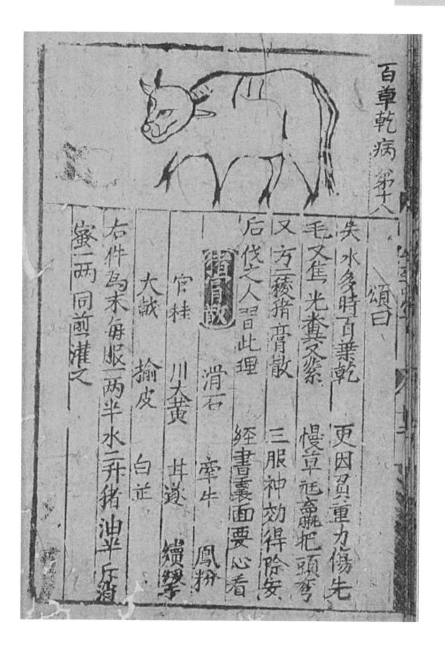

百章乾病 第十八

颂曰

失水多時百葉乾　更因負重力傷先

毛又焦光叢又紫　慢章延齋喘把頭弯

又方一藤猪膏散　三服神效得除安

后伐之人習此理　經書裏面要心看

滑石散

　滑石　牽牛　鳳粉

官桂　川大黄　井遂　貫擊

大戟　榆皮　白芷

右件馬末每服一兩半水二升猪油半斤道

蜜二兩同煎灌之

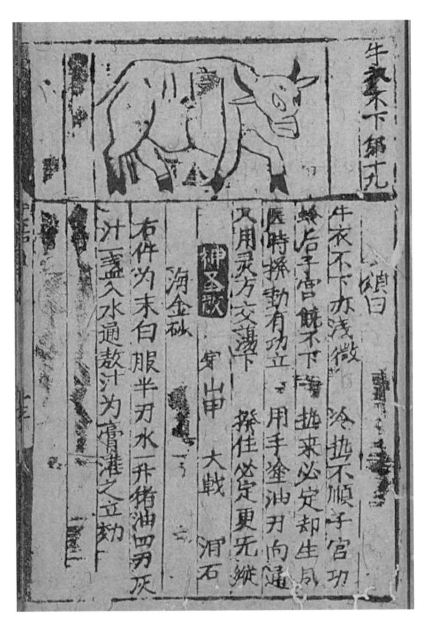

牛衣不下第九

颂曰

牛衣不下亦浅微
冷热不顺子宫功
蜂蛰盖官饶不下
热来必定却生风
医时搽勤有功立
用手搽油刃向通
又用灵方交汤下
搽住婆定更先挑

神圣歌

海金砂　穿山甲　大戟　泽石

右件为末白服半刃水一升猪油四男灰
汁一盏入水通熬汁为膏灌之立劾

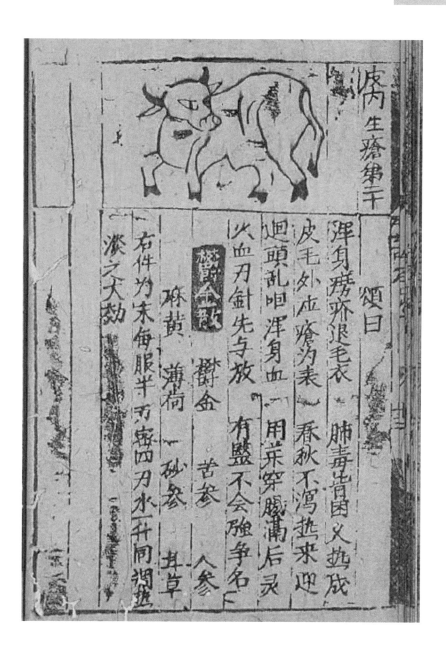

肉生瘴第二十

颂曰

浑身痨疥退毛衣　肺毒生肓义却成
皮毛外应瘴为表　春秋不泻热来迎
廻頭乱咽浑身血　用菜穿腹满后灵
火血刃針先与放　有盐不会喊争名下

本草
許金散

欝金　苦参　人参
麻黄　薄荷　砂参　甘草

右件为末每服半两密四刃水一升同调
激之大劾

患气抽脾第廿二

公曰

圣告多饶冤气伤　俾孤须冷頯忙上

俾孤胃冷成比　口黄鼻冷呕撲搶

服怠遍身頭筊　翻眼弄舌口虚服

卧时不起中难救　良医急冷用各方

黄耆　苍术　桂心　附子　蓉蓉

枳柳　豆蔻　杲

甘草

右件为末，每服一刃半生姜半刃水二升
同前入港文立効

· 26 ·

宿草不轉第廿二

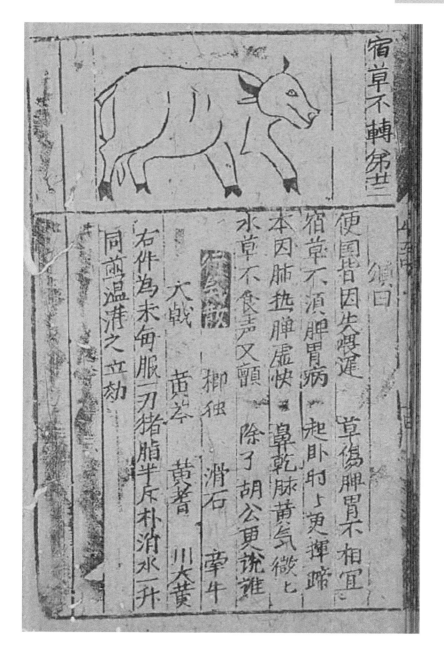

須曰

便圓皆因发瘦遲　草傷脾胃不相宜

宿草不須脾胃病　起卧时上更揮蹄

本因肺热脾虚快　鼻乾脉黄气微七

水草不食声又顧　除了胡公更說誰

宿草散

大戟　黄苓　揶梗　滑石

　　黄耆　滑石　牽牛

　　　　川大黄

右件为末每服一刃猪脂半斤朴消水一升

同煎温清之立劾

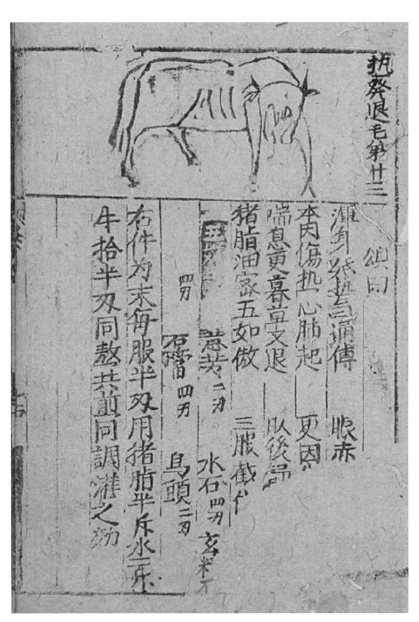

热瘵退毛第廿三

颂同

灌身纸捻二百遍傳　　眼赤

本肉伤热心肺起　　　更因

喘息更喜豆文退

猪脂油裹五如做　　　臥後昂

　　　　　　　　　三服载仁

意葵　二两　　水石　四两

罗　　　　　　　　　玄奕

砒霜　四两

　　　鸟頭　二两

右件为末每服半两用猪脂半斤水二升

牛拾半两同煮共□同調灌之妙

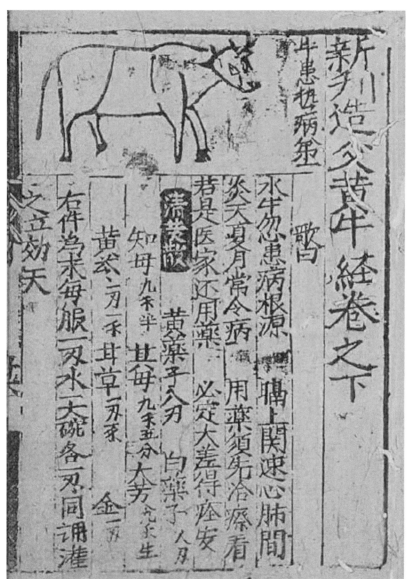

新刋造仌黄牛経卷之下

牛患热病歌

歌曰

水牛忽患病根源　嘱上关速心肺间
炎天夏月常令病　用药须教冷疗看
若是医家还用药　必定大差得座安

清凉散

知母九朵半　甘草九朵五分　大黄九朵生

黄药子八分　白药子八分　金一两

黄芩一两一钱　甘草一两半

右件为末每服一两水一大碗各一两同调灌之立効天

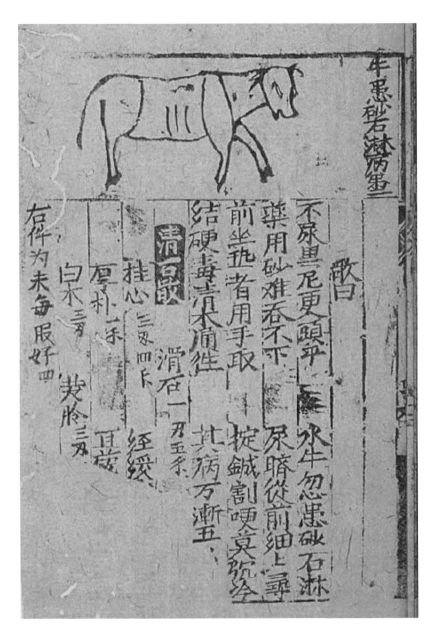

牛患砂石淋病第二

散

不尿黑尿更颐平　水牛忽患砂石淋

药用砂难吞不下　尿暗从前细上寻

前坐逊者用手取　捻鍼割哽意须绘

结硬毒清水痛迁　其病万渐五、

清石散

挂心　三钱四片　滑石一两五钱　经缓

厚朴一钱

白术三钱　其蓝

右件为末每服好四　芫荽三钱

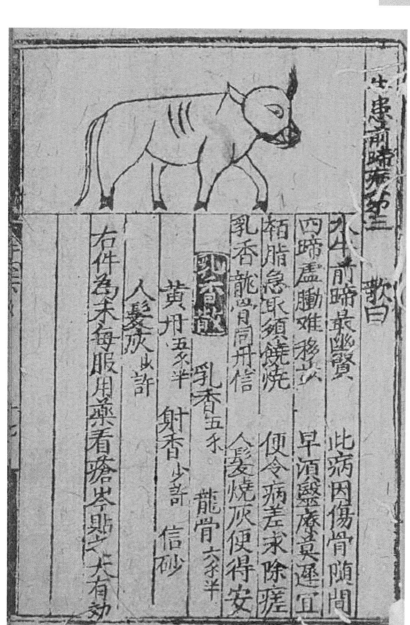

牛患前蹄疼第三

小牛前蹄最幽賢　此病因傷骨隨間

四蹄盧肋難移步　早須盤摩莫逞宜

稻脂急取須燒燒　便令病差求除瘥

乳香龍幽月同丹信　人髮燒灰便得安

乳香散

乳香五朱

黃丹五朱半　射香少許　龍骨六朱半

人髮灰些許

信砂

右件為末每服用藥看瘡尖上點之大有効

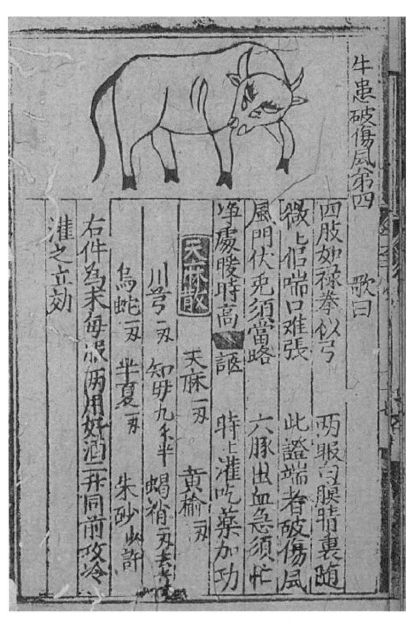

牛患破傷風第四

歌曰

四肢如祿拳似弓　兩眼白膜睛裏随
微微喎嘴口难張　此證端者破傷風
風門伏兔須當略　六脉出血急須忙
淨處暖時高[illegible]醫　時時灌吃藥加功

天麻散

天麻一兩　黄榆一兩
川芎一兩　知母九錢半　蝎稍一兩去毒
烏蛇一兩　半夏一兩　朱砂少許

右件為末每服[illegible]两用好酒一升同煎放冷灌之立効

牛患心風狂病第五　歌曰

水牛心風走似獐　作声心熱似如湯
此病從来心臟起　喫土損肝眼赤黄
黄連貝母并梔子　伏苓藁本與蒲黄
八味将末同灌餵　便是王良聖手方

鎮心散　伏苓一两半　遠志二两一分
黄芩二两　知母二两半　貝母二两一分
梔子二两三分　藁本二两　蒲黄二两
右件為末每服二两蜜二两　朴消四两水二升
同煎灌之立見効

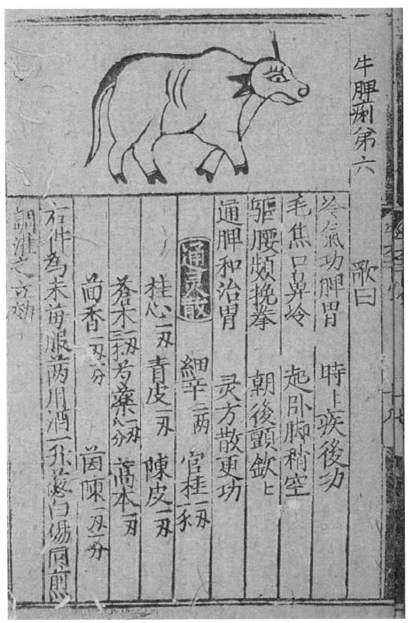

牛脾剌第六　歌曰

冷气功脾胃　时上疾后功
毛焦口鼻冷　起卧脚稍空
驱腰频挽拳　朝后头钦七
通脾和治胃　灵方散更功

通灵散

桂心一两　青皮一两　细辛二两　官桂二两
苍术三钱　芎药八分　陈皮一两
茴香一两分　藁本一两　茴陈一两二分

右件为末每服两用酒一盏煎至口汤同煎
调淮之立効

牛患肺熱第七

歌曰

水牛鼻熱不尋常　肺熱傳脾毋受殃

子病熱時坊庄敗　有似虫蝕号瘡瘩

用火燒炮蕉膀胳　貼瘡嚾藥肺毒病

此病怠瘡多見差　莫交歇鼻怎看回

射香少許　黄丹七分

没藥三分　蜈蚣三分　信平

桔白一分

右件為末細研射香信黄丹三味同前兰

味一同煎三味每用一分貼在瘡上立見效

之

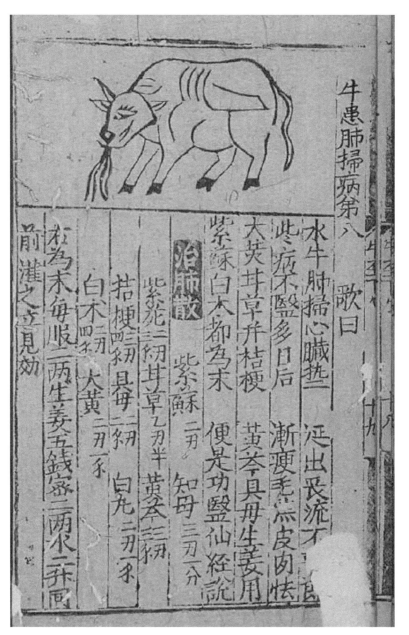

牛患肺掃病第八　歌曰

水牛肺掃心臟热

此疾求醫多日后

大灸甘草升桔梗

紫蘇白木都為末

延出長流不□□

漸瘦毛焦皮肉怯

黃芩具母生姜用

便是功醫仙經說

治肺散

紫苑三刃　甘草乙刃半　黃芩三刃

紫蘇二刃　知母三刃一分

桔梗四刃　具母二刃　白芷二刃一分

白木四刃　大黃二刃一分

右為末每服二两生姜五錢蜜二两水二升同

前灌之立見効

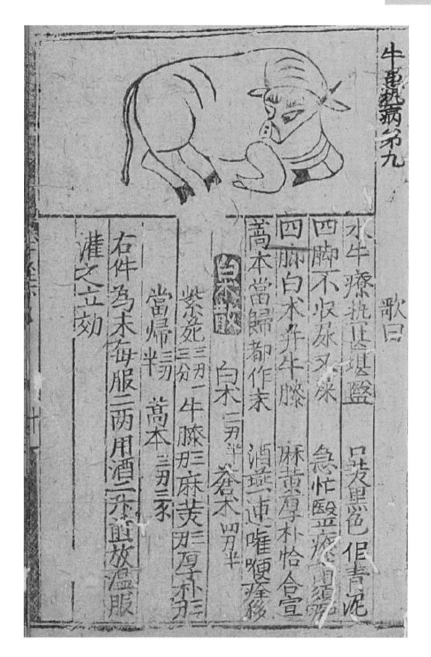

牛患热病第九

歌曰

水牛疗热甚堪登　只爲黑色伹青泥

四脚不收尿刃粂　急忙医疗须

四脚白术养牛膝　麻黄厚朴恰食宣

藁本当归都作末　酒连噀喉搽移

白术散

紫苑三分一　牛膝形麻芰三　厚朴

当归半　藁本三　白术二　苍术四

右件为末每服二两用酒二升煎放温服

灌之立効

牛患肺痈把脾第十

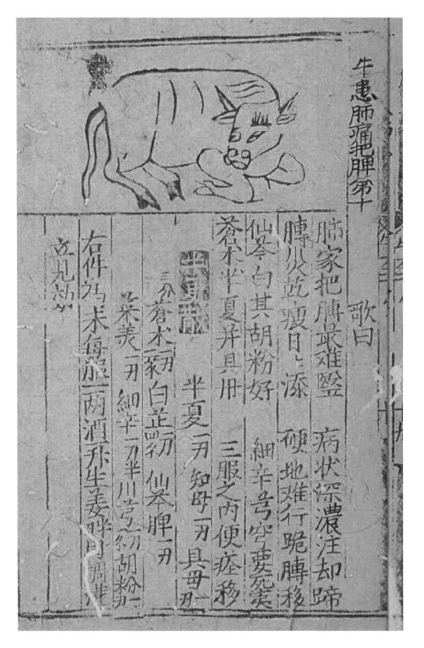

歌曰

肺家把脾最难医
病状深浓注却蹄
脾从乾瘦日日添
硬地难行脆脾移
仙桑白其胡粉好
细辛号芎空要荄羹
苍术半夏并具册
三服之内便瘥移

监方药

苍术一两　白芷一两　仙桑脾一两
半夏一两　知母一两　具母一两
柴羡一两　细辛一两　半川芎一两　胡粉一两

右件为末，每用二两酒并生姜时调灌
立见效

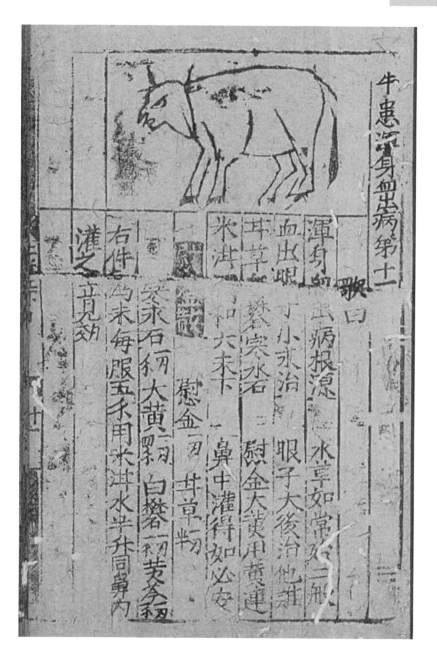

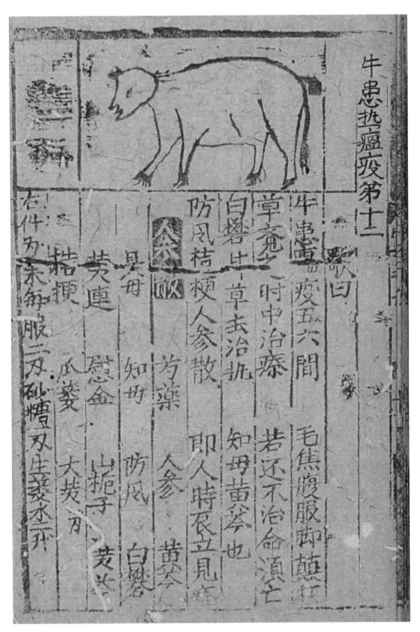

牛患热瘟疫第十二

牛患曰

牛患瘟疫五六間　毛焦渡服脚颤打

一时中治療　若还不治命湏亡

草竟少一時去治挑　知母黄茶也

白礬比一草去治挑　即人時辰立見

防凤桔梗人參散

人參（貝母）

芳藥　人參　黄茶

知母　防凤　白礬

慰金　山栀子　菱芥

黄連　瓜萎　大茨刀

桔梗

右件为末每服三刃砂糖壹刄生菱水开

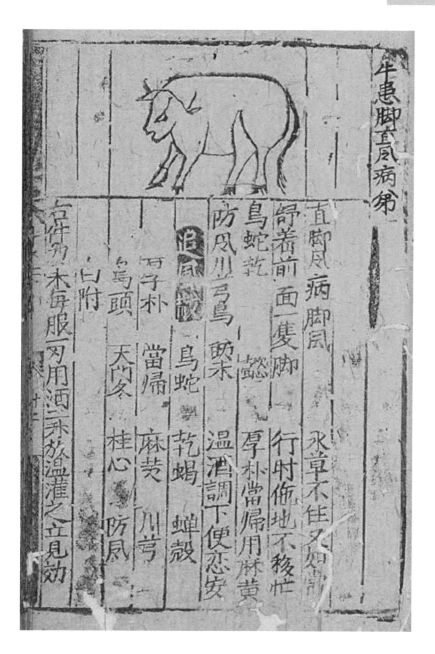

牛患脚直凤病第一

直脚凤病脚凤永草不住又如前

舒善前面一隻脚行忖佗地不移忙

鸟蛇乾鬆厚朴当归用麻黄

防凤川弓鸟樂温酒調下便恋安

　　鳥蛇乾蝎蝉殼

可子朴当归麻荬川弓

鳥頭天門冬桂心防凤

白附

右件为末每服一刃用酒三味放盜溫灌之立見効

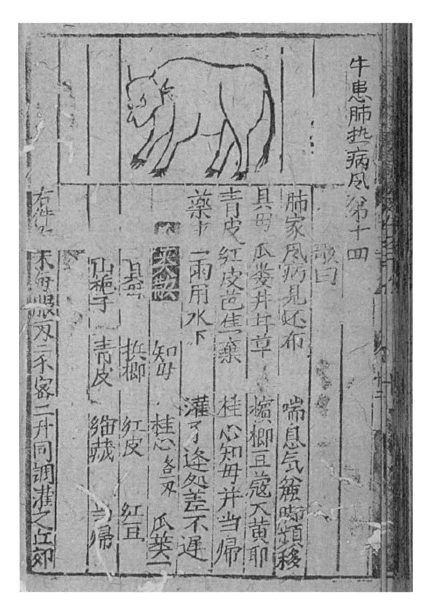

牛患肺热病图第十四

肺家风病见还疯

訣曰

喘息气籲时颏缩

其明瓜蒌并甘草

青皮、红皮芭焦一药

槟榔豆蔻天黄耶

药下一两用水下

桂心知母并当归

青皮

灌了逢处差不逢

药下

知母　桂心各双　瓜蒌一

枳榔　红皮

山栀子　青皮　红豆

缩砂　当归

右件

末海眼双二禾窑二升同调灌之立郊

· 42 ·

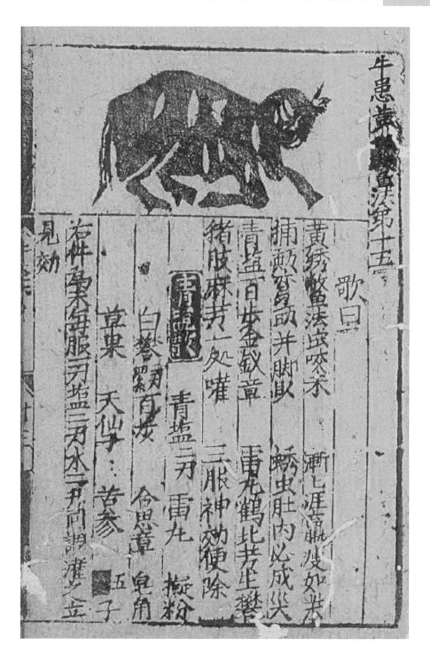

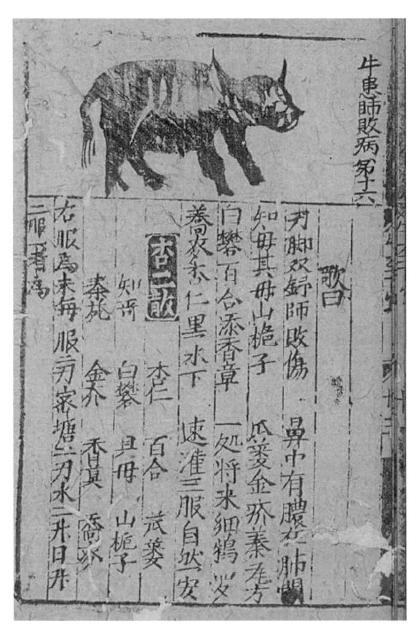

牛患肺败病第十六

歌曰

牙脚双弯师败伤　鼻中有脓死肺间
知母其毋山栀子　瓜蒌金芥秦羌芳
白礬百合添香章　一处将来细㷉发
蕎麦赤仁里水下　速进三服自然安

【杏仁散】

杏仁　百合　荆芥
知母　白礬　贝母　山栀子
秦艽　金芥　香章　蕎麦

右服为末每服为家塘二刃水二升日并
二服為泻

· 44 ·

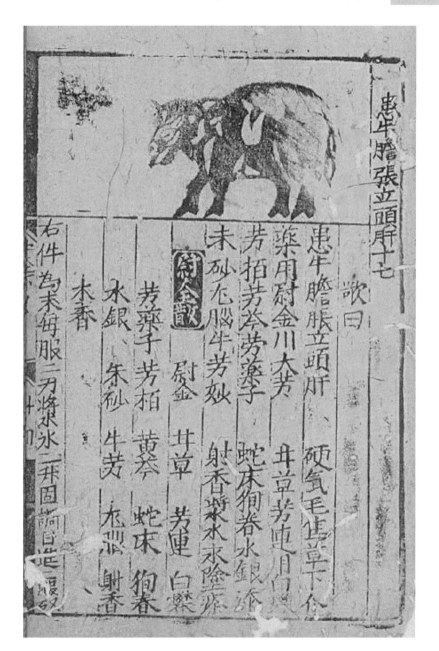

患牛膽脹立頭肝十七

歌曰

患牛膽脹立頭肝　硬気毛隻草下个

藥用尉金川大芎　丑草芳連月门风

芳拍芳茏芳藥子　蛇床狗卷水銀搽

末砂左腦牛芳奴　射香梁水永除疼

尉金散

尉金　　甘草　　芳連　　白礬

芳藥子　芳拍　　黄芩　　蛇床　狗脊

水銀　朱砂　牛芳　左䘌　射香

木香

右件為末每服二刃將求永一琳固調百進二服訖

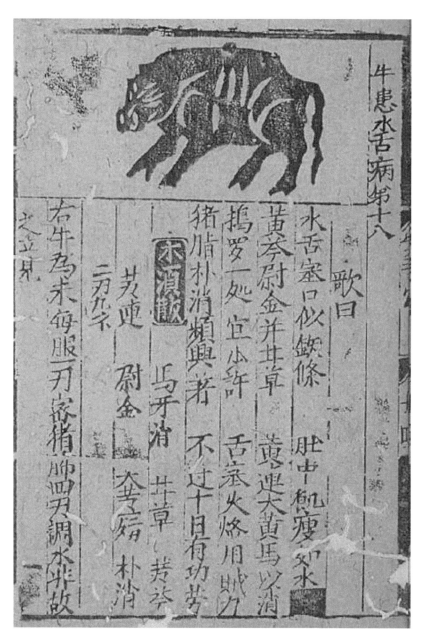

牛患水舌病第十八

歌曰

水舌塞口似鍬條　肚中飢瘦却水
黄芩尉金并甘草　蓬遅大黄馬以消
搗羅一処宜少許　舌羔火烙用贼刃
猪脂朴消頻與抹　不过十日有功勞

木鼻散

芜荑　馬牙消
尉金　甘草
　　　芳荃
二刃九不　朴消
斈婦

右牛為末每服一刃密猪
膊四刃調水非故

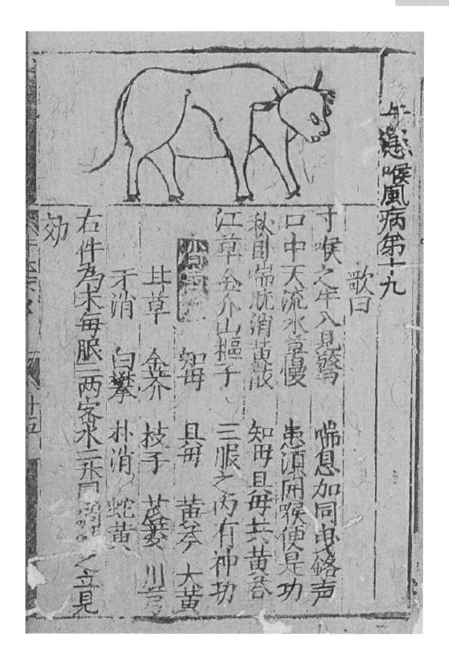

牛患喉風病第十九

歌曰

寸喉之牛入見驚　喘息加同电胳声
口中天流水章慢　患須用喉便是功
秋間喘嗽消黃豉　知母且每共黃茗
江草金介山榴子　三服之丙有神功

原草

甘草　金芥　枝子　蓋蔞　川芎
天消　白葯　朴消　蛇黃

　　　知母　且每　黃茗　大黃

右件為末每服二两蜜水二开同調……

效……之立見

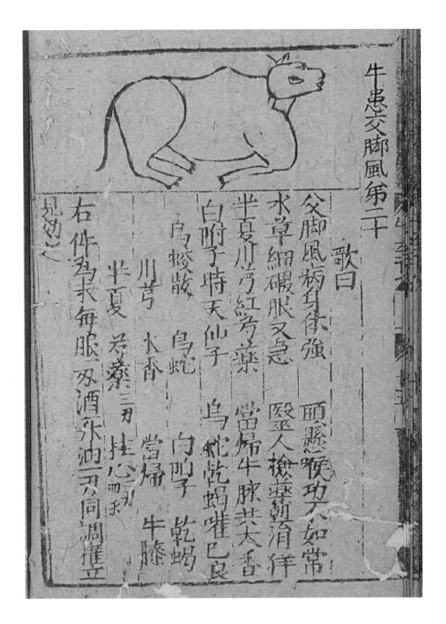

牛患交脚风第二十

歌曰

交脚风病身休强　　頭懸嫰功不如常

水草细嚼脈又急　　醫人撿藥朝消拌

半夏川芎紅芎藥　　當歸牛脈共大香

白附子塒天仙子　　烏蛇乾蝎雀已良

烏撥散

　川芎　　半夏　　芎蔡三刃挂心二刃　　　　　烏蛇　　白附子　　乾蝎

　　　　　　　　水香　　當歸　　牛膝

右件為末每服二双酒米油一刃同調灌之

見効之

牛患膊肢风病图

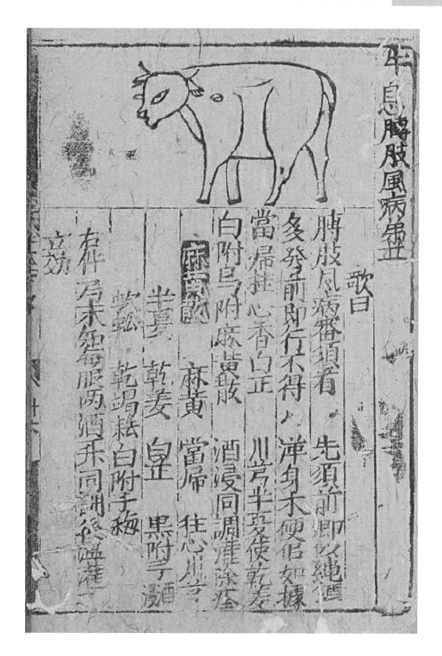

歌曰

膊肢风病审须有　先须前即挛绳缠

灸发过前即行不得人　浑身木硬但如擦

当归挂心香白正　川芎半夏使乾姜

白附乌药附麻黄芪　酒浸同调產徐痊

麻黄散

麻黄　当归　往心川芎

黄芪　乾姜　皂　黑附子酒

松松　乾竭粘白附子梅　浸酒

右件为末匀每服两酒禾同调得煖灌

立效

· 49 ·

牛患脫紅病第廿

歌曰

蓮花頭開應尾本　因事傷重閉列冷

勿雌前沙溫七嗾　維砂白礬及有功

五倍客陛木礬子　龍骨相和有神功

三日之內莫鮑暖　侯是仙人治脫紅

白各散客陀僧　白礬三　川寂椒

白兒骨半月　縮砂

太礜学翔　五倍子等

右件為末俻服一双用溫冬水凈洗用屛炮之

後羅

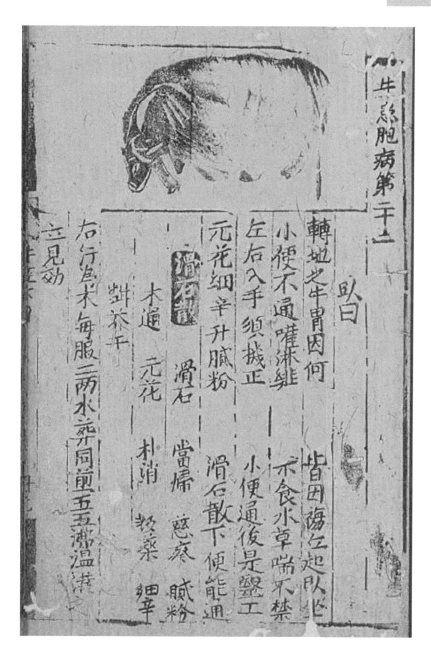

牛患胞病第二十二

臣曰

转蛆之牛胃因何　　皆因伤乞起卧坡

小便不通唯淋漓　　不食水草喘不禁

左右入手须撼正　　小便通後是醫工

元花细辛升腻粉　　滑石散下便能通

撼正散

滑石　　当归　　慈葭　　腻粉

元花　　朴硝　　款菜　　细辛

木通

对芥子

右行急朮每服二两水薤同煎五盏滤温灌

立见劾

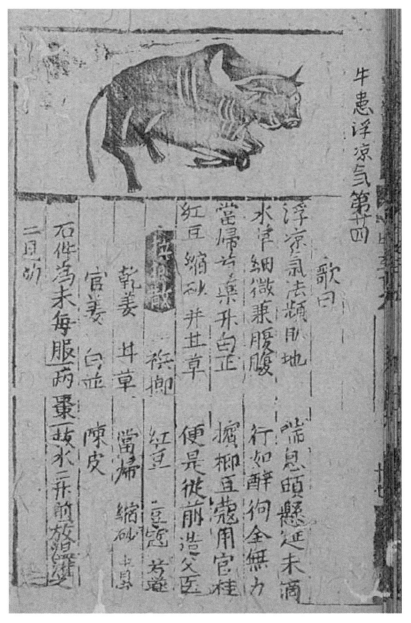

牛患浮凉气第廿四

歌曰

浮凉气法颇用地　喘息顿懸延未消

水草細微兼腹腹　行如醉狗全無力

當歸芍藥升白芷　擯榔豆蔻用官桂

紅豆縮砂并甘草　便是從前造父医

【牛患藏】

檳榔　紅豆　豆蔻　芳蔘

乾姜　甘草　當歸　縮砂 + 牛黄

官姜　白芷　陳皮

右件為末每服二两 葱水三升煎放温灌二旦动

· 52 ·

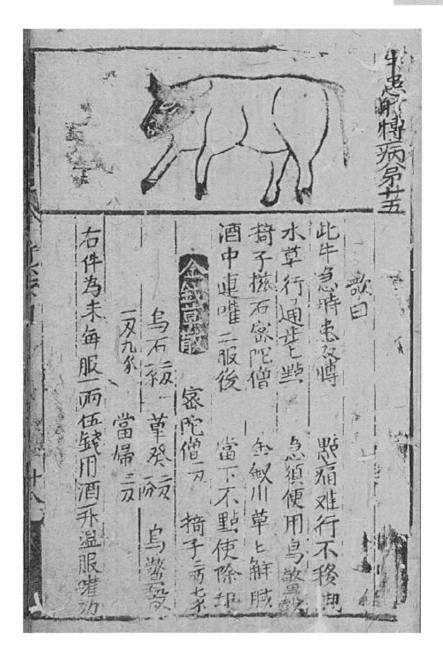

牛患瘀特病象卅五

歌曰

此牛急時患及膊　　題痛難行不移期

水草行遲進步難　　急須便用烏散殼

舂子擦石密陀僧　　余敏川草上解肌

酒中連唯二服後　　當下不點使除却

密陀僧　一刀

烏石斂　一両　草癸　一両　烏鱉殼
一両九分

當歸　三両

當歸　三両　摘子二兩七茶

右件為末每服二兩伍錢用酒养溫服瘥劝

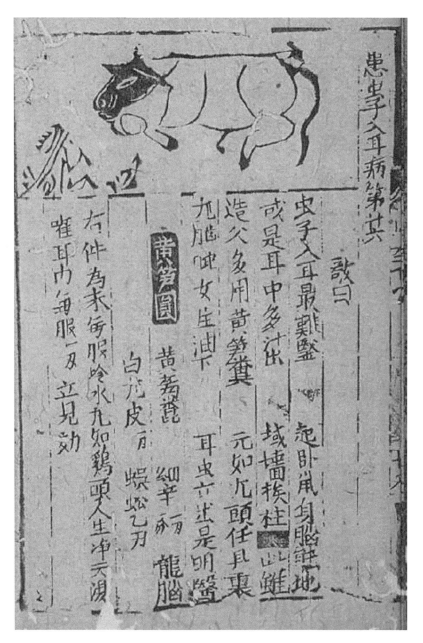

患虫子入耳病第其

歌曰

虫子入耳最难医　起卧鼠身脑襟地

或是耳中多著泧　域墙挨柱此雎

造父多用黄笔糞　元如尤头任其裏

九臆吡女生油下　耳虫六出是明醬

黄笔圆

黄蓍瓮　　細辛一两　

白尤皮一两　蜈蚣乙刃　龍脑

右件为求每服吟水九如鸡头人生冲天滾

雎耳内每服一及立見効

· 54 ·

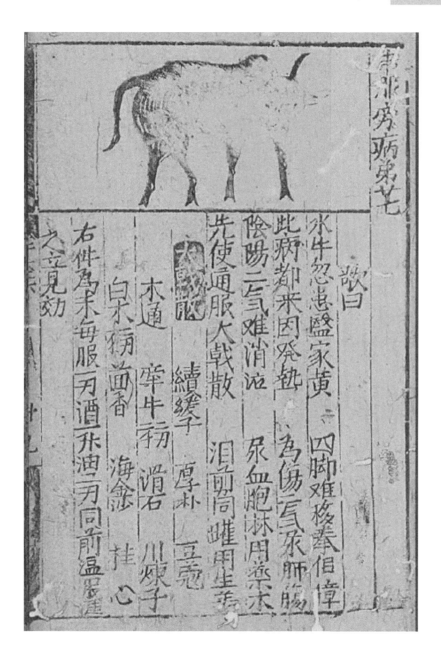

歌曰

水牛忽患盤家黄　四脚难移務但彰

此病都来因發热　為傷瓦气承师腸

陰陽二气难消注　尿血胞沫用藥未

先使通服大戟散　泪前同雖用生姜

木通　續緩子

牽牛藕　厚朴

白茅独酒香　滑石　豆蔻

泉金沙　川楝子

挂心

右件為末每服一刃酒一升油一刃同前温罨
立見効

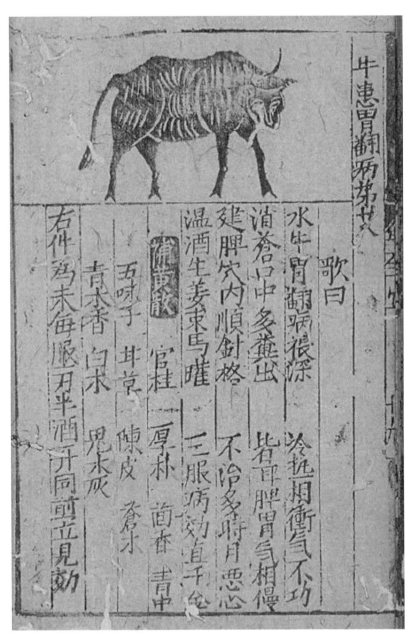

牛患胃翻病第廿六

歌曰

水牛胃翻病很深　冷热相衝气不攻

消瘦口中多粪出　皆因脾胃气相傳

建脾穴内顺針格　不冷多時月惡心

温酒生姜束馬曬　三服病效直千金

順脾散

　　官桂　厚朴　茴香　青甲

　　五味子　甘草　陳皮　蒼术

　　青木香　白术　鬼木灰

右件為末每服刃半酒升同煎立見効

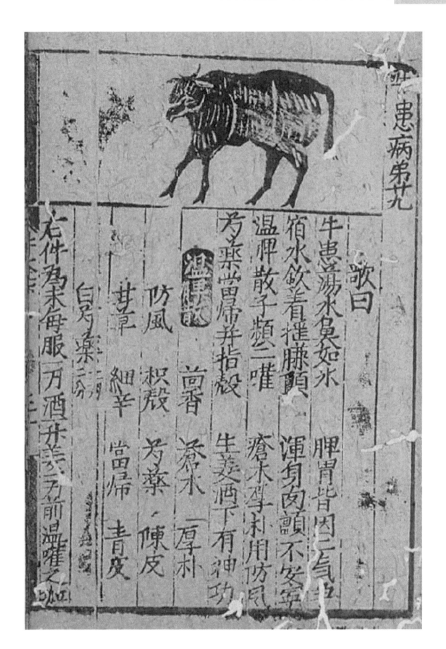

患病弟九

牛患汤水臭如冰
宿水饮着揰脾顸
温脾散子顿二唯
为药当归并枳殼

温脾散

歌曰

脾胃皆因二气主
浑身匈顸不安宁
瘡木孚利用防风
生姜酒下有神功

茴香　蓬木　一厚朴
防风　枳殼　为药　陈皮
甘草　细辛　当归　青皮

右件为末每服一两酒井姜二方前温唯之如

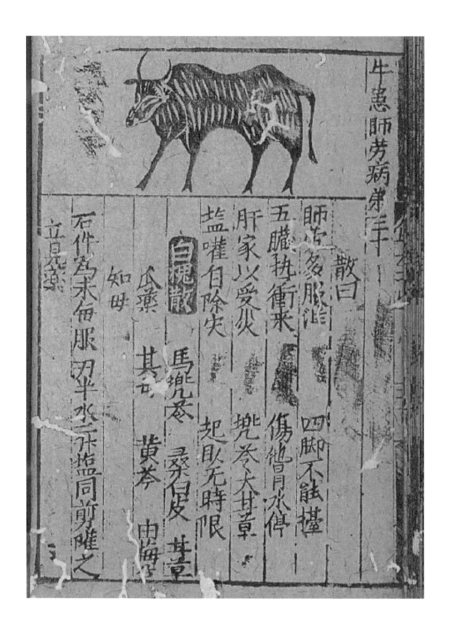

牛患肺劳病形牛

師曰 散曰

師云多服治 四脚不能擡

五臟热衝来 傷他曾月水停

肝家以受災 槐荣大甘草

盐嚏自除失 起畝无时限

白槐散

瓜荣 馬槐荣 桑白皮 其章

如母 黄芩 贝母草

石仲为末每服 刃半水二盏盐同煎臨之

立息藥

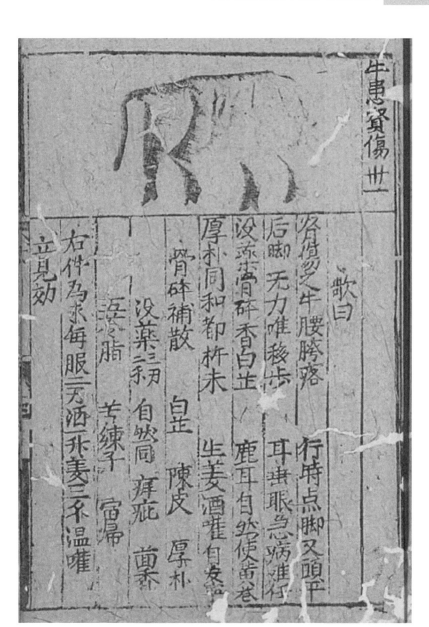

牛患賓傷卅二

歌曰

脊傷多之牛腰胯落　行時点脚又頭平
后脚无力唯後步　　耳連眼急病难行
没藥当骨碎香白正　鹿耳自然使黄卷
厚朴同和卻析末　　生姜酒唯自安

脊碎補散

　　　　没藥三錢　自然同　痹疵　黄蘗
　　　　　皂足　　陳皮　　厚朴
　没药脂　苦練子　寶扁

右件為末每服二无酒一盞姜三不温唯

立見効

· 59 ·

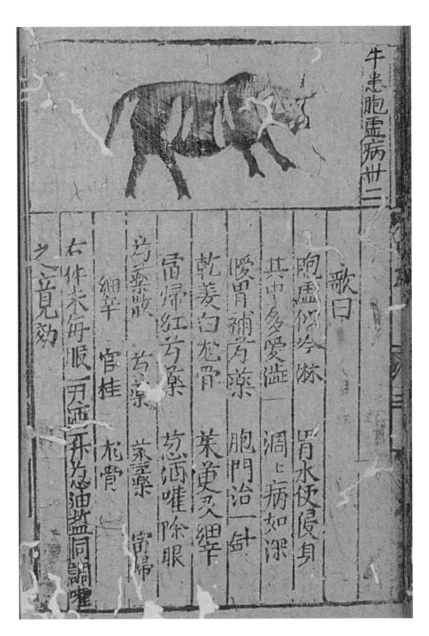

牛患胞盧病卅二

歌曰

胞盧作冷淋　胃水使侵身
其中多愛澁　澗上病如深
噯胃補芳藥　胞門治一針
乾薑白龙骨　莱菔灸鏧
當歸紅芳藥　葱酒噀除眼

芳藥散　苦藥　茱萸　寄扁
細辛　官桂　龙骨

右件末每服一两酒一开为溶盐同調灌
之竟効

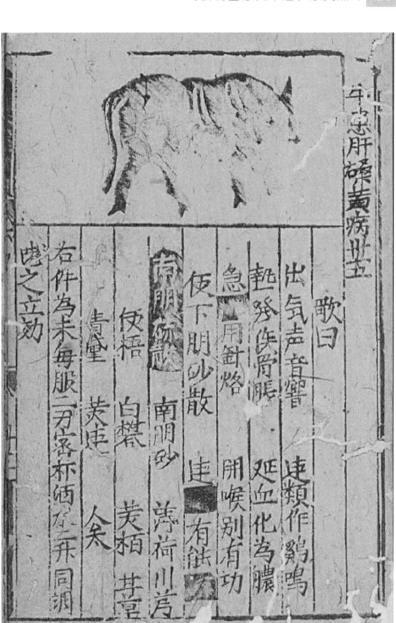

牛患肝硬黄病症

歌曰

出气声音響　連類作鶏鳴

起歌失骨脈　延血化為膿

急用鍼烙　開喉別有功

便下朋砂散　連□有効方

南朋砂　薄荷川芎

使梧　白礬　羔栢　芎薑

青釐　黄連　　　　　　　　　　　　　　　　　　　　　　　　　　　　　　　　　　　火矢

右件為末每服二刃密杯酒於二开同调

吧之立効

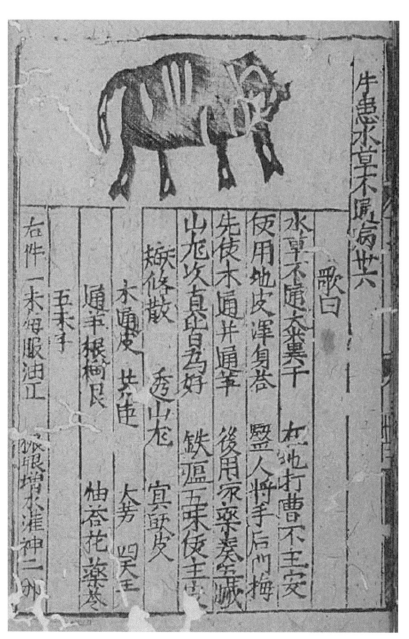

牛患水草不通扁廿六

歌曰

水草不通大宜干　右地打曹不主安
使用地皮浑身益　豎人将手后门梅
先使木通并通草　後用家乐奏生藏
山龙次真血自为好　鉄瘟五味使主藏

娇條散　透山龙　宾至皮
木通皮　芫達　大芳　四天王
通草银柳艮　柚吞花药参
五味子

左作一末每服油江
　　　　　眼增水灌神二外

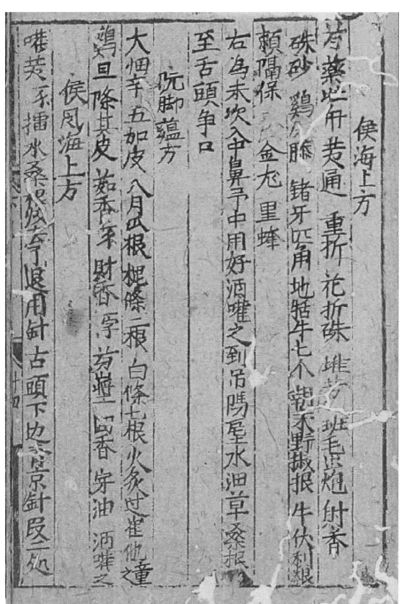

侯海上方

考藥地油芙通　重折花折硃堆芳斑毛黑炮射香

硃砂　鷄胫　鋸牙　角地牯牛七个䫈禾野㪗振牛伏利㹃

賴陽保　金尢里蜂

右乌未炊入中鼻于中用好酒嚾之到吊陽屋水泗草桑根

至舌頭争口

阮脚蕴方

大炟辛五加皮八月瓜根梗條一痕白條七根火炙过崔他蓬

鷄旦一隻其皮茄本菜財香宇芳壁□□香穿油酒蕚之

侯恩海上方

喏芙系播水桑根㪗㝵一丁退用針古頭下边京針段二处

二十四

芥瘡海上方

琥芪 五朱 花椒二两 海李子一两洗了皮锅焙乾尚研细木猪

油调茶好

癸汗散方

外麻 富鹑 川芎 茸角 甘草 麻芙 方 药肉 仁癸

紫金 香附子葱二振 癸三庁 好酒开嗖之

尿血海上方

雄芙 硃砂 海金砂 马鞭梢 期朱兼 红花 当归 月子

麻子 凤男草 甜水滕 五家皮 又为末用酒嗖之大好

瘦牛海上方

心红 硃砂 海肥子四只 乌鸡一双 雷夫 猪宝庁 盐一升

夺之立见効

補薬方　紅豆一开　白礬五分　灰　馨李薬方　大

黄連　甘草四两　凤枝子　瓜蒌根　黄薬子　知母

具母　亥亦之薬方

戈苓　黄連　大黄　䤵金　黄根　黄薬子　白薬子　甘草

知母　具母　荷荷　塊苓　桔梗　地芳

秋季薬方

批把　知母　具母　草塊苓　杏仁　地芳　麥花　瓜蒌根

北绿　麥門冬　秦亥　为薬　䑉灸　木通　芳連　芳薬子

白薬子　用酒嗤之効也

冬垂薬

芍藥　厚朴　青皮　陳皮　細辛　益知人山藥薹牢

荷水薦一玄明索芣草　青毫　用酒薀之

　　風瘡藥方

荒者　猺手造角　人言茂取　熖蓉子根東芜人籍

水薀之　泉血方　董軍娘子根　芳根　紅芐藤根

子根　山茉夷　四服藥水䗶藥引　炉拄子根

大不通　　如即皮前人燗唯之

　　砲制方

苗公藥性論荒之有方言藥之古調此藥偭袋調如杜書
桨　至方始和共剂之方七方亦如一日之日落日多字曰
日薝伬東目製曰度曰十日伐曰旁曰之白公曰方曰之曰

· 66 ·

右辣州川各有宜方

一肚腹痛 仔知辛煎一撮 李子药要三分煎奈炮

来速、咳嗽药方 　　　細茶一刃 蜜一刃 椒子半刃

清油牛刃生姜半刃

姜汁蒸着取油润锅 锅将姜来水和倒盏就又酒

每日早晚常服

文山株药宜天 仓地 仓开日

正月初日 二月廿五日 三月 廿日 四月十六日 五月十一日

六月初六日 七月初一日 八分 廿三 九月二王旦 十月十春

十一月十日 十二月初六日

此天仓开日

正月子 二月丑 三月壬 四月卯 五月辰 六月巳

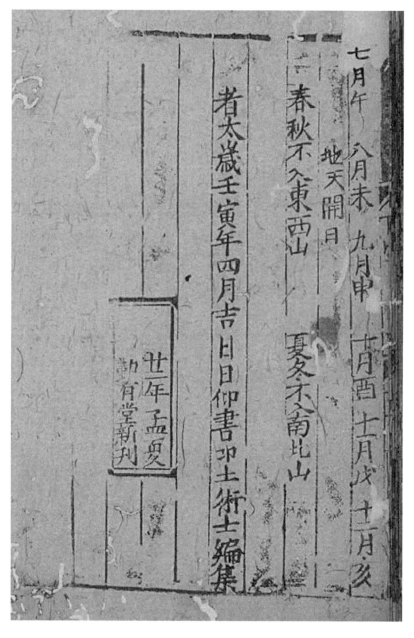

七月午 八月未 九月申 十月酉 十一月戌 十二月亥

地天開月

春秋不入東西山

夏冬不入南北山

者太歲壬寅年四月吉日仰書人士術士編集

廿一年孟夏 勤有堂新刊